ROLAND LÖWISCH

Die Bucket List für TESLA-FAHRER

AF834482

100 DINGE, DIE MAN MIT EINEM TESLA ERLEBT HABEN MUSS

PLAZA

PLAZA
ist ein Imprint der

HEEL Verlag GmbH
Gut Pottscheidt
53639 Königswinter
Telefon 0 22 23 / 92 30-0
Telefax 0 22 23 / 92 30-13
info@heel-verlag.de
www.heel-verlag.de

1. Auflage, 2023

Verantwortlich für den Inhalt: Roland Löwisch

Lektorat und Bildredaktion: Jürgen Schlegelmilch

Lithographie, Satz und Gestaltung: F5 Mediengestaltung Ralf Kolmsee, Bonn

Fotos: Adobe Stock (#001, 002, 003, 004, 005, 006, 007,008, 009, 010, 011, 012, 013, 014, 019, 022, 023, 024, 025, 029, 030, 031, 032, 033, 034, 035, 039, 040, 041, 042, 043, 045, 046, 047, 048, 049, 050, 052, 053, 054, 055, 056, 060, 061, 062, 063, 065, 066, 067, 068, 069, 070, 073, 075, 076, 078, 079, 80, 081, 085, 083, 087, 088, 089, 090, 091, 092, 095, 097, 098, 099, 100); Archiv HEEL Verlag (#083, 084, 087, 088, 093, 95); Auto-Medienportal.Net (#015, 016, 026); Auto-Medienportal.Net/ADAC (#032); Auto-Medienportal.Net/Aspark (#051); Autoren-Union Mobilität/Rimac (#018); Autoren-Union Mobilität/Candela (#019); Autoren-Union Mobilität/Pininfarina (#051); Delta 4x4 (#095); Dérive (#059); Dreamcase (#58); Electric GT (#079); Electrified Women (#072); EP Tender (#077); Freepik.com (#017); Gruber Motor Company (#094); JCB (#095); kinetic.com (#057); MESSE ESSEN GmbH/Kateryna Hoholieva (#027); Porsche AG (#013); S3XY Cars Community (#083); Tesla Custom (#076); Tesla Fahrer und Freunde e.V. (#071); Tesla Inc. (S. 4, #012, 013, 020, 021, 024, 025, 028, 029, 030, 037, 038, 039, 041, 044, 046, 048, 053, 054, 056, 066, 067, 069, 070, 077, 080, 086); The Brickworms (#021); tuningblog.eu - Das Tuning Magazin (#074); T&E Magazin (064); Volkswagen AG (#033); Vortex Bladeless (#075); Wikipedia (#012); YouTube/@Beyondthepress (#089); YouTube/@Simone Giertz (#011)

Printed in Czech Republic

ISBN 978-3-96664-572-0

Bitte beachten

Tesla-Fahrer haben immer Vorbildfunktion! Bei aller Begeisterung für die anstehenden und teils augenzwinkernd zu verstehenden Aufgaben, sollten selbstverständlich stets die geltenden Gesetze und gesellschaftlichen Normen eingehalten werden.

Die Bucket List für TESLA-FAHRER

Kleben Sie hier ein Foto Ihres Tesla ein.

Danksagung

Mein Dank gilt dem HEEL Verlag, der das richtige Händchen für gutes Entertainment hat und so ein Buch mit viel Augenzwinkern wie dieses möglich macht – namentlich Jürgen Schlegelmilch, der sich immer so wunderbar ins Thema wirft.

Diesmal danke ich aber auch meiner Barbara, die eigentlich nie viel mit Autos zu tun hatte, aber meinen von mir heißgeliebten Job klaglos hinnimmt, mich unterstützt, wo sie kann und höchstens einschreitet, wenn ich mich am Steuer mal wieder zu lautstark über andere Autofahrer aufrege …

TIPP...

Zur Erfolgskontrolle nach gelungener Bewältigung der Aufgabe nicht vergessen, einen Haken an die Sache zu machen!

Vorwort

Wer Musk sagt, meint auch Tesla. Und wer Tesla sagt, meint auch Musk: Nur selten gibt es eine so enge Verbindung zwischen einer einzigen Person und einer Automarke. Dabei hat Elon Musk Tesla nicht mal gegründet - er stieg nur später als größter Geldgeber ein und machte sich dann auch gleich zum CEO. Seitdem hat er Tesla zu einem der größten Elektroautobauer verwandelt.

Sowohl die Marke Tesla als auch die Modelle polarisieren - entweder man ist Fan oder kann mit den Autos nichts anfangen. Das gilt übrigens auch für Elon Musk - ein Mensch zwischen Genie und Wahnsinn, als Unternehmer sowohl risikobereit als auch unberechenbar. Jemand, der sowohl seine Visionen als auch seine Drohungen wahrmacht. Einer der reichsten Männer der Welt könnte mit seinem Geld viel Gutes bewirken ...

Sicher ist: Mit den Modellen von Tesla hat er die Straßen bereichert, hat den Elektroboom mit Leben gefüllt, und somit ein bisschen die automobile Welt verändert. Grund genug für eine Bucket-List für Tesla-Fahrer. Und auch für solche, die es werden wollen oder auch nicht. Denn in vielen Tipps stecken Informationen über die (noch junge) Welt der modernen Elektroautos, andere werden Tesla-Freaks in Erstaunen versetzen, über wieder andere mögen sich die Tesla-Kritiker freuen. Aber bitte nicht jeden Tipp für bare Münze nehmen (auch wenn Geld, bei Musk, wie gesagt, i m m e r eine Rolle spielt). Bestimmte Ideen sind aber durchaus realisierbar, andere sollen die Phantasie anregen oder einfach nur unterhalten. In jedem Fall soll dieses Büchlein eines machen: Spaß. Wo man sich den Fahrspaß holt, ist eine andere Geschichte ...

Hamburg/Königswinter, im März 2023
Roland Löwisch

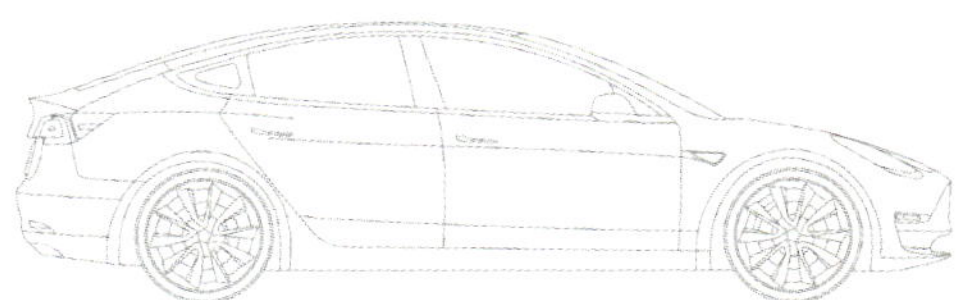

001 Die Argumente im Internet gegen einen Tesla entkräften

Für die Challenge rufen wir uns die Seite https://en.wikipedia.org/wiki/Criticism_of_Tesla,_Inc auf. Hier trifft Akribie auf Akribie, denn es gilt, Gegenargumente für eine Menge Vorbehalte zu finden. Jede Kritik ist mit mindestens drei Quellen belegt. Es wird also ein Stück Arbeit.

Den Golf-Strom in „Tesla-Strom" umbenennen

002

Zugegeben: Die Aufgabe ist so gigantisch wie der Strom selbst. Die schnell fließende Meeresströmung im Atlantik ist Teil eines globalen maritimen Strömungssystems und beeinflusst das Klima in Nordeuropa. So befördert der Golfstrom zwischen stellenweise ca. 30 Millionen Kubikmeter Wasser pro Sekunde bei einer Geschwindigkeit von 1,8 Metern pro Sekunde (ca. 6,5 km/h) und maximal 150 Millionen Kubikmeter Wasser pro Sekunde. Zum Vergleich: Das ist mehr als einhundertmal so viel Wasser wie über alle Flüsse der Welt zusammen ins Meer fließt. Seine transportierte Leistung von ca. 1,5 Petawatt entspricht der elektrischen Leistung von ungefähr einer Million der größten Kernkraftwerksblöcke. Auf jeden Fall wäre zumindest VW ganz schön sauer über diese Aktion ...

003 ☐ Einen freundlichen Tankwart fragen, wo denn im Tesla das Benzin reinkommt

Wenn er es zeigt: schnell weg. Wenn er sauer wird, weil er den plumpen Joke verstanden hat: auch schnell weg. Ist mit einem Tesla kein Problem, schließlich erreicht man mit dem Model S Plaid die 100er-Marke in zwei Sekunden – aus dem Stand ...

Tesla-Aktien kaufen

004

Wie es aussieht, wird ja alles – irgendwann – zu Geld, was Elon Musk anfasst. Davon sollte man profitieren. Und die Zeit scheint günstig: Konnte im Jahr 2021 die Aktie der Tesla Inc. für rund 350 Euro erstanden werden, pendelte der Preis Ende 2022 um 150 Euro.

005 ☐ Dem spießigen Nachbarn erläutern, warum man mehr als 1000 PS braucht, die die Modelle X und S als „Plaid“ anbieten

Kleine Argumentationshilfe: Um der wachsenden 800-PS-Verbrenner-Fraktion zu zeigen, wo der Dampf-Hammer hängt; um endlich den 1000-PS-Club zu gründen - den „400+“ gibt's ja schon; damit der Nachwuchs nie wieder zu spät zur Schule kommt ...

Seinem Tesla einen besonders kreativen Namen geben

006

Klingt einfach? Naja, sagen wir so: Die 300 coolsten Namen finden sich unter https://evehiclepro.com/names-for-your-tesla/. Allgemein beliebt ist Aashini (Hindi für Blitz), AC/DC oder Thunderbolt (beliebter Beiname diverser US-Kampfflugzeuge). Auch sehr einfallsreich: Falcon Light, in Anlehnung an die Schwerlast-Trägerrakete Falcon Heavy des US-amerikanischen Herstellers SpaceX. Weiße Tesla-Fahrzeuge werden gerne Stormtrooper, Ghost oder Frosty genannt. Bei schwarzen Modellen bieten sich Namen wie Batmobil, Knight Rider und Vader an, bei roten Exemplaren Cherry, Red Bull und Inferno, während bei blauer Außenfarbe Cobalt, Gonzo (Muppets Show) oder Blue Steel (Rostschutzbehandlung von Schusswaffen) im Menü stehen. Das Wortspiel Musk-e-tier ist angeblich noch frei – und passt auf jede Farbe. Und jetzt Sie …

007 Musk den Nachrichtendienst Twitter wieder abringen

Zugegeben, das hat überhaupt nichts mit den Autos zu tun, aber befriedigend wäre es allemal. Zumal man dann auf Augenhöhe mit ihm operieren würde. Damit die Bank Ihres Vertrauens nicht ganz unvorbereitet ist: Der Kaufpreis lag 2021 bei 44 Milliarden US-Dollar ...

008 Jemanden finden, der die „Beschleunigungswette" nicht kennt

Bei der Beschleunigungswette wird ein Geldschein - bevorzugt Dollar oder Euro - mit zwei Nullen in der Wertangabe mit einem dünnen Klebestreifen an der Windschutzscheibe befestigt und der Beifahrer muss versuchen, während der Beschleunigungsphase den Schein zu greifen. Diese Turnübung hat Tradition: Bereits der legendäre Carroll Shelby soll auf dieses Weise seine Mitfahrenden von den Sprintqualitäten der Cobra überzeugt haben. Und während der frühere US-Luftwaffenpilot mit dem Geld seinen Tank füllte, heißt unser Hashtag natürlich #stromtankgeld.

In möglichst kurzer Zeit den Akku leerfahren

009

Natürlich kann man sich eine Autobahn mit möglichst wenig Tempolimits und wenig Baustellen suchen - was an sich ja schon eine Leistung darstellt. Aber es geht noch effektiver: mit dem Ludicrous-Modus! Tesla Model S und Model X Performance Modelle mit dieser Option können noch schneller aus dem Stand auf 100 km/h beschleunigen. Wenn alles optimal läuft unter 3 Sekunden. Durch diese Freischaltung des Systems wird laut Handbuch das maximale Drehmoment um rund 60 Prozent erhöht.
Die neueren Topversionen von Model S und Model X haben nur noch Ludicrous+ an Bord: Bei diesem Modus wird der Akku zuerst auf die optimale Temperatur für maximale Leistung vorgeheizt, bevor der Fahrer mit dem „Launch-Mode“ die maximale Beschleunigung abrufen kann.
Eine dünne rote Linie unter dem hinteren Typenschild zeigt an, dass das Fahrzeug über den „von-Sinnen-Modus“ verfügt.
Übrigens hat der Überlieferung nach Elon Musk den Begriff „Ludicrous“ (sinngemäß: aberwitzig) aus der Science-Fiction-Filmkomödie Spaceballs (1987, Regisseur Mel Brooks) entliehen.

010 Zu den leistungsstärksten Photovoltaik-Freiflächenanlagen der Welt fahren

Dazu müssten Sie allerdings eine ziemlich lange Reise machen, denn die 2245-Megawatt-Anlage namens Bhadla Solar Park befindet sich in Rajasthan, Indien. Wer dann noch nicht genug von vorbildlicher Stromgewinnung hat, kann noch ein Stück weiterfahren zur zweitgrößten Anlage, dem Pavagada Solar Park im südindischen Bundesstaat Karnataka (2050 Megawatt). Aber die Zeit drängt: Eine 10.000-MW-Anlage wird gerade in Australien geplant.

Übrigens: Seit Ende 2020 steht im brandenburgischen Werneuchen, Landkreis Barnim, Deutschlands größter Solarpark. Die im Solarpark Weesow-Willmersdorf gewonnene Strommenge von 187 Megawatt reicht aus, um 50.000 Haushalte zu versorgen.

Seine eigene Tesla-Variation bauen

011

Die Variantenvielfalt hält sich bei Tesla in engen Grenzen. Grund genug, selbst aktiv und vor allem kreativ zu werden. Ob Motorrad, Cabriolet, Kombi oder Mondauto: Erlaubt ist, was gefällt. Dazu hilft bestimmt ein Anruf bei der in den USA aktiven Bloggerin Simone Giertz. Die erfinderische Schwedin betreibt einen sehr erfolgreichen YouTube-Kanal (https://www.youtube.com/watch?v=jKv_NOIDS2A&t=0s) und zeigt ihren 2,65 Millionen Followern, wie sie 2019 aus einem Tesla Model 3 mit viel Handarbeit ein vielbeachtetes Pick-up-Fahrzeug namens „Truckla" entstehen ließ. Ein futuristischer Mars-Rover oder ein vielseitiges Motorrad wären auch noch zu realisieren ...

012 Mit seinem Tesla das Geburtshaus von Tesla besuchen

Das steht im Dorf Smiljan in der Lika unweit von Gospić im heutigen Kroatien und ist jetzt ein Museum. Der Namensgeber Nikola Tesla wurde hier am 10. Juli 1856 geboren. Beruflich nutzte er seine Leidenschaft für die Elektrotechnik und konnte so als Erfinder, Physiker und Elektroingenieur über 280 Patente in 26 Ländern anmelden.

Man kann die Gedenkfahrt übrigens auch noch ausweiten: Es gibt ebenfalls Tesla-Museen in Belgrad und im oberösterreichischen Gallspach.

Dänemark
Litauen
Ladestationen für E-...
Mögliche Aktivitäte
Vilnius
Minsk
Hamburg
Berlin
Polen
Niederlande
Warschau
Deutschland
12 h 49 min
1.230 km
Luxemburg
München
Slowakei
Österreich
Budapest
Ungarn
13 h 52 min
1.255 km
Rumänien
Smiljan
Bukarest
Serbien
Monaco
Sarajevo
Sofia
Italien
Kosovo
Rom
Nordmazedonien
Albanien

013

Auf der Nürburgring-Nordschleife Porsche herausfordern

Die Stuttgarter halten zumindest bis zu Redaktionsschluss dieser Bucket-List den Rekord für serienmäßige Elektrofahrzeuge mit einem Taycan Turbo S mit Performance-Kit in 7:33.350 Minuten. Muss man doch nur schneller fahren!

Apropos schnell: Die bis zum Porsche-Rekord gültige Bestmarke stammt übrigens von Tesla. Im September 2021 sicherte sich der Schwede Andreas Simonsen mit einer Zeit von 7:35.579 Minuten seinen Platz in der Rekordliste der „Grünen Hölle“. Der 737 kW (1020 PS) starke Model S Plaid umrundete die 20,8 Kilometer lange Nordschleife mit einer Durchschnittsgeschwindigkeit von knapp 166 km/h (Spitze: 279 km/h) und unterbot damit die im selben Jahr von einem Porsche Taycan aufgestellte Bestzeit um sechseinhalb Sekunden.

REKORD 2021

MEIN REKORD

Kleben Sie hier Ihr Erinnerungsfoto ein.

014

Jemanden finden, der den Geheimcode der Tesla-Modellbezeichnungen nicht kennt

Man muss ihn einfach mögen, den Humor des gebürtigen Südafrikaners und Chief Executive Officer von Tesla. Denn nicht ohne Hintergedanken hat Elon Musk den Tesla-Pkw-Modellen die Namen S, 3, X und Y mitgegeben – zumal die 3 ein ungeplanter Ausrutscher war: Eigentlich sollte das passende Modell „E" heißen, aber Ford intervenierte, hatten sich die Detroiter den Namen doch bereits rechtlich gesichert. Daraufhin ersetzte Musk das E durch drei horizontale Striche – also einem E ohne Vertikalbalken. So sprach schnell jeder vom Modell 3 wegen der drei Balken. Übrigens: Die nächsten Modelle sind Cybertruck, ATV, Roadster und Semi. Kurz: CARS. Zusammen: S3XY CARS

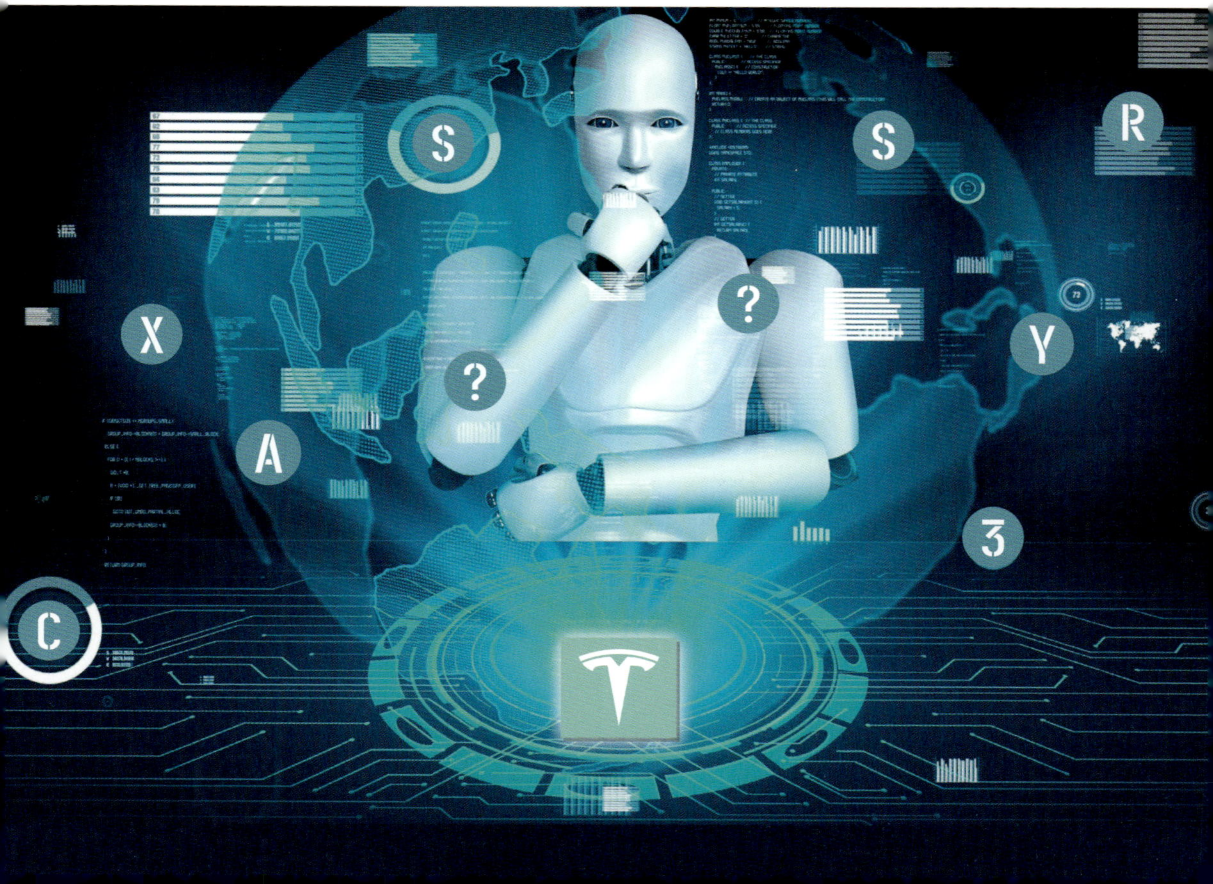

Die weiteste Reise mit einem E-Auto unternehmen

015

Der Holländer Wiebe Wakker hat 2019 wohl die bislang längste Reise mit einem Elektroauto absolviert. Sein 1119 Tage langer Trip startete in den Niederlanden und endete, begleitet von einer Parade aus 50 Elektroautos, bei den Königlichen Botanischen Gärten in Sydney. Mit seinem auf E-Antrieb umgerüsteten VW Golf Variant Diesel namens „Blue Bandit" fuhr er durch 33 Länder. Der 150-kW-Motor reichte für eine Spitzengeschwindigkeit von 180 km/h. Die Energie aus dem 37-kWh-Li-Ion-Akku reichte für 200 km. Wagen und Fahrer legten in mehr als drei Jahren 95.000 Kilometer zurück.

Wakkers Projekt „Plug Me In" basierte dabei auf der Gastfreundschaft anderer Menschen, die ihm unterwegs eine Mahlzeit, ein Bett und Strom für sein Fahrzeug spendierten.

016 Den Tesla-Antrieb in einen Klassiker einbauen

Der hier gezeigte Käfer stammt von Zelectric Motors aus San Diego. Vom VW Bus mit geteilter Frontscheibe, über Karman Ghia, VW Käfer und Beetle bis zu Porsche 911 und 356 - Unternehmensgründer und -chef David Benardo kann in so ziemlich jeden Wagen die Tesla-Technik implantieren: „Wir verbinden das Beste aus beiden Welten von damals und heute und kombinieren frühere Klassiker mit heutiger Zukunftstechnik.“ Die Spitzengeschwindigkeit des Wolfsburger Krabbeltiers beträgt rund 180 km/h und weil damit die Fahrwerks-Grenzen eines Käfers von damals pulverisiert würden, bekommt er ein modifiziertes Fahrwerk mit verstärkter Federung, verbesserten Stoßdämpfern und modernen Scheibenbremsen vorne. Als Energielieferant dient eine 22-kWh-Lithium-Batterie von Tesla mit 37 180-Ah-Zellen, die Reichweite von rund 180 Kilometern reicht nicht nur zum ausgiebigen Cruisen an der kalifornischen Küste.

Natürlich muss man auch bereit sein, neben einem gut erhaltenen Typ 1 auch mindestens 49.000 Dollar bei Zelectric Motors abzugeben. Wer etwas sparen möchte, der verzichtet einfach auf weitere Extras aus der Ausstattungsliste wie 2400 Dollar teuren Weißwandreifen inklusive Felgen, die moderne Audio-Anlage (1800 Dollar) oder die elektrische Heizung für 1200 Dollar. Weitere Ideen gefällig? Dann schauen Sie doch mal hier: https://carbuzz.com/features/awesome-tesla-powered-cars

Burger essen in der Kultbude „Big Boost Burger“

017

„Wo man Burger isst, lass Dich nieder. Böse Menschen singen lieber Lieder.“ Oder so ähnlich. Tipp für Tesla-Fahrer, die sich zumindest ab und zu noch mit einem weinenden Auge an die „alte V8-Zeit“ erinnern und den inneren Drang zu einem „Benzinburger“ verspüren: Restaurant „Big Boost Burger“ von TV-Schrauber und Autoenthusiast J.P. Kraemer, Dortmund, Klönnestraße 94. Der Veggie-Burger heißt „Eco Boost“, der BBQ-Burger „Diesel“. Heißer Vorschlag für einen künftigen Chili-Burger: „Biturbo“. Was freilich noch fehlt, sind spezielle Tesla-Kreationen.

018 Für Tesla den Geschwindigkeitsrekord für Elektroautos sichern

Zu Redaktionsschluss dieses Buches gehörte der Rekord dem Elektro-Hypercar Rimac Nevera (siehe Bild) mit 412 km/h, gefahren auf dem rund 780 Hektar großen Automobil-Prüfgelände für Personen- und Nutzfahrzeuge, das die ATP Automotive Testing Papenburg GmbH im Südosten Papenburgs betreibt. Diese Geschwindigkeit ist immerhin rund ein Drittel der Schallgeschwindigkeit, erklärte Miro Zrnčević, Rimac's Chef-, Test- und Entwicklungsfahrer im Anschluss. Zusammen leisten die vier jeweils an einem Rad sitzenden Elektromotoren des Nevera 1408 kW (1914 PS) und stellen ein maximales Drehmoment von 2360 Nm zur Verfügung. Nur die straßenzugelassenen Michelin Cup 2R-Reifen sowie das bei Elektrofahrzeugen übliche Ein-Gang-Getriebe setzten dem Vorwärtsdrang Grenzen. Achja: Für „normale" Käufer des zwei Millionen Euro teuren und 2,15 Tonnen schweren PS-Monsters ist allerdings bei 352 km/h erst einmal Schluss: Nur spezielle Kunden kommen in den Genuss einer – temporären – Freischaltung …

Aston Martin tut es, Lamborghini tut es, Ferrari tut es: mit Yachtbauern zusammenarbeiten. Dabei kommen so wilde Boote heraus wie AM37 Powerboat, Tecnomar for Lamborghini 63 und Arno XI. Und dann gibt es ja noch Mercedes, Maybach und Porsche mit ihren Luxusyachten. Dass es eine Nummer kleiner geht, beweist der schwedische Elektroboothersteller Candela. Seine Konstruktionen gleiten auf Tragflächen über das Wasser und verbrauchen so bei hohen Geschwindigkeiten bis zu 80 Prozent weniger Energie als herkömmliche Motorboote. Sie vertrauen auf Batterie- und Ladesysteme von Volvo-Tochter Polestar. Allerdings ist „kleiner" hier durchaus relativ: Wer mit dem luxuriös ausgestatteten Wassersportler mit bis zu 35 km/h lautlos über den See gleiten möchte, sollte 395.000 US-Dollar einkalkulieren. Immerhin verspricht der Hersteller 2,5 Stunden Fahrzeit mit einer Akkuladung.

Warum also nicht Tesla? Allerdings nur, wenn auch auf dem Wasser ein lückenloses Ladesystem aufgebaut ist. Zum Beispiel: einen Charger auf jeder Tonne, jeder Bake und an jedem Leuchtturm ...

VORBILDER

020 Den Drift-Rekord für E-Autos nach Hause holen

Okay, gedacht sind die Autos dafür nicht, aber funktionieren könnte es. Zu schlagen gilt ein chinesischer Zeekr 001. Der von zwei E-Motoren mit zusammen 544 PS angetriebene Wagen hat gleich zwei Weltrekorde aufgestellt: Zunächst benötigte er für einen Slalom mit 50 Pylonen lediglich 49,05 Sekunden, ohne dabei eine Pylone zu berühren. Wichtiger: Er driftete mit 207,996 km/h im 30-Grad-Winkel und hat sich so einen Platz im „Guinness-Buch der Rekorde“ gesichert. Den Rekord für den schnellsten Drift überhaupt hält übrigens seit 2016 der Autobauer Nissan: Ein speziell abgestimmter Nissan GT-R driftete im 30-Grad-Winkel mit einer Geschwindigkeit von 304,96 km/h über den internationalen Flughafen von Fujairah in den Vereinigten Arabischen Emiraten.

Den Cybertruck in Originalgröße aus Lego®-Steinen nachbauen

021

Zugegeben, die Idee ist nicht ganz neu. Der VW Bulli und Porsche 911 GT3 wurden bereits im Rahmen verschiedener Projekte mit den dänischen Noppensteinen nachgebaut. Aber der Cybertruck ist so kultig wie kantig, dass es beim ersten Blick durchaus als Steckbausteinobjekt durchgehen könnte. Und so ist er der ideale Kandidat für eine solche Herausforderung.

Natürlich gibt es noch andere Anbieter von Klemmbausteinen, sodass das Kunstwerk nicht gleich mehr kostet als das ab 40.000 US-Dollar angebotene Original, dessen Produktionsstart für Mitte 2023 geplant ist …

Wie es in klein geht, hat der Australier Peter Blackert bereits gezeigt. Hauptberuflich Entwicklungsingenieur für die Ford Motor Company im Bereich Antriebsstränge und Fahrwerksysteme, hat der bekennende AFOL (Adult Fan of LEGO®) bisher bereits hunderte von LEGO®-Fahrzeuganleitungen veröffentlicht, darunter Autos, Lastwagen, Motorräder und Busse. Seine Tesla-Kreation besteht aus 1046 originalen Lego®-Steinen, ist 29,5 Zentimeter lang, 12,5 Zentimeter breit und 10,4 Zentimeter hoch, bei einem Gewicht von 745 Gramm. Das Set beinhaltet auch das Material für eine Figur von Elon Musk sowie für das Tesla-ATV. Vertriebsquelle ist die Berliner Firma *The Brickworms* von Geraldine und Ralf J. Klumb. Preis knapp 300 Euro.

022

Kinoplakate für modernisierte James-Bond-Sequels mit Tesla entwerfen

Wir hätten da ein paar Vorschläge für die jeweiligen Titel: „James Bond jagt Dr. Musk", „Liebesgrüße aus Kalifornien", „Elektro-Finger", „Feuerwallbox", „Man lädt nur zweimal", „Im Geheimdienst Seiner Aktien", „Teslafieber", „Laden und entladen lassen", „Der Mann mit dem goldenen Händchen", „Der Tesla, der mich liebte", „Moon-Charger - streng geheim", „In Wechselstrommission" („For Your Charger only"), „Muskopussy", „Im Angesicht des Tesla", „Der Hauch des Elon", „Lizenz zum Laden", „Goldenmodel", „Der Morgen lädt nie", „Die Ladung ist nicht genug", „Lad' an einem anderen Tag", „Casino Grünheide", „Ein Quantum Strom", „Muskfall", „Tesle", „Keine Zeit zum Laden" und natürlich „Sag niemals Strom".
Im besten Fall findet man jemanden, der einem so einen Streifen mit Kultfaktor auch finanziert.

Ein Windradrennen ausrichten

Nein, natürlich kein Rennen mit Windrädern, sondern eines um sie herum. Die Formel 1 hat ihre Rundstrecken auf dem Lande, die Formel E knallt elektrisch durch Städte, da könnte doch eine neue DTM (Deutsche Tesla Masters) öffentlichkeitswirksam um Windräder herumfahren. Ganz ökologisch fair gewinnt dann derjenige, der am längsten mit einer Ladung Strom fährt. Das wäre zwar so aufregend wie Curling in Zeitlupe aber dafür zeitgemäß und in jeder Hinsicht sozialverträglich.

024

Einen Tesla wegstellen, bis er ein Klassiker ist

Dazu muss man allerdings schon einen langen Atem haben. Einen Tesla bekommt man jetzt, Anfang 2023, für mindestens rund 40.000 Euro. Die Kohle ist dann im Stromer erstmal eingefroren. Warten Sie dann, sagen wir mal, 50 Jahre, und dann sahnen Sie ab. Oder auch nicht. Vielleicht ist dann ja Wasserstoff das neue Benzin oder wir fahren einfach mit Gedankenkraft - wer hat dann noch die Kapazitäten, an einen Tesla zu denken?

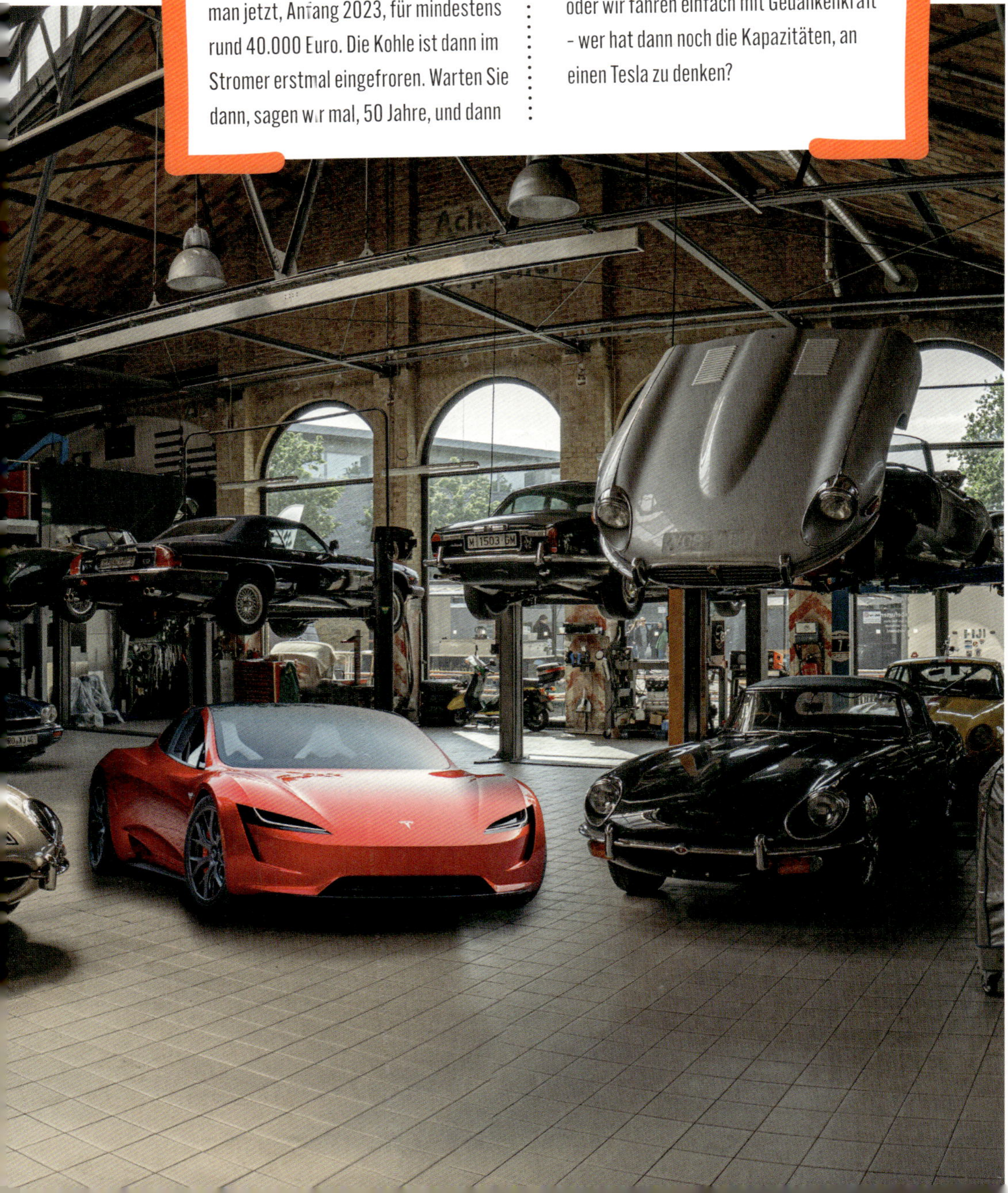

025 Keinen Tesla kaufen, sondern warten, bis man einen Scheunenfund macht

Ja, okay, das dauert noch ein bisschen. Aber ist nicht alleine die Aussicht, dass so etwas passieren könnte, schon schön genug? Mögen Verbrenner-Fans munkeln, dass es so etwas nie geben wird – da kann man nur antworten: Warum nicht? Ob das E-Auto dann allerdings noch fahrbar ist oder wieder fahrbar gemacht werden kann, steht auf einem anderen Blatt …

Die Mille Miglia begleiten – 1600 Kilometer in drei Tagen inklusive laden

026

Da schwitzen ja schon die offiziell gemeldeten Teilnehmer – auch wenn sie ausnahmslos Benziner vorantreiben. Denn an dieser wohl berühmtesten Rallye der Welt dürfen heute nur Fahrzeugmodelle teilnehmen, die hier einst tatsächlich um Zeiten und Punkte fuhren. Inzwischen folgt dem Klassiker-Tross ein Pulk von „Begleitern" – mehr oder weniger offiziell. Viel Schlaf bekommt niemand, allerdings funktioniert die Energieaufnahme bei den Classic-Cars schneller. Es ist also als Begleiter im Tesla eine echte Herausforderung …

027 Einen Tesla tunen

Klar gibt es schon professionelle Tesla-Tuner, zum Beispiel „My Tesla Tuning“. Das Angebot macht so ein Auto allerdings nicht schneller: Das Produktprogramm besteht aus Dingen wie Kopfkissen, Kofferraumtaschenset, Radkappen und Kratzschutz für die Heckstoßstange. Bei Tuning-Tesla gibt’s immerhin Fahrwerke und Räder, Startech hat vor allem optische Veränderungen im Angebot. Wer mehr Power und Tempo will, muss weit reisen: Der kanadische Tuner Ingenext pumpt mehr Power rein, so dass ein Tesla Model S Plaid 350 km/h erreicht, erprobt auf dem Flugplatz Trois-Rivières im Süden der kanadischen Provinz Québec, rund 125 km nordöstlich von Montreal. Normalerweise wird das Auto bei 260 km/h abgeregelt, mit Hardware-Upgrades sind es 322 km/h. Aber auch optisches Tuning ist inzwischen keine Seltenheit mehr: Ob Luftfahrwerk oder 20-zöllige Aluräder mit bis zu 255er Breitreifen – da steht der Tesla seiner ressourcenfressenden Verwandtschaft in nichts nach …

Mit Musk einen Abend verbringen und ihn fragen, was man schon immer fragen wollte

028

Zum Beispiel: Wie schafft man plötzlichen üppigen Haarwuchs auf der zuvor hohen Stirn im fortgeschrittenen Alter? Oder: Denkt man darüber nach, wie viel Trinkgeld man gibt, wenn man 44 Milliarden auf der hohen Kante hat? Oder: Ist zu Fuß gehen eine Option? Ach, uns würden noch 1000 Fragen einfallen. Der Weg, wie man zu dem besagten Abend mit Musk überhaupt kommt, ist zum Glück in der Aufgabenstellung nicht inklusive ...

029 Eine Man-Cave um den Tesla bauen

Hand aufs Herz: Men-Caves sind etwas Wunderbares! Das würden wir natürlich auch im Falle von Women-Caves sagen, wir kennen nur keine. Letztendlich ist ja völlig egal, was drinsteht. Auch wenn die „Tesla-Cave" das eine oder andere Detail aufweisen würde, das beispielsweise einen Porsche-Fahrer eher kalt lassen würde – und umgekehrt. So wäre ein Motorenständer oder eine Kolbenringmontagezange in einer Hochvolt-Höhle bestimmt etwas albern, und auch das Benzinfass zur Dekoration würde deplatziert wirken. Aber das lässt sich ja alles ersetzen – zum Beispiel durch einen Batterietester, eine Wallbox, einen Elon-Musk-Schrein und ein beleuchtetes Tesla-Schild. Wer es etwas spezieller haben möchte, kann nach einem abgesägten Strommast Ausschau halten ...

030 ☐ Seinen eigenen Tesla am Band bauen in Grünheide und mit nach Hause nehmen

Geht nicht? Stimmt. Noch nicht! Schließlich hat es General Motors seinerzeit bei der Corvette vorgemacht: Dort praktizierte man – wie bei der Konkurrenz von AMG oder Aston Martin – das Prinzip „One man, one engine“. Allerdings kamen die geschäftstüchtigen Manager auf die Idee, dass der Corvette-Kunde bei der Fertigung des V8-Triebwerks unter Anleitung der Werksmonteure Hand anlegen durfte – natürlich gegen Aufpreis und mit individuell erstellter Fertigungsplakette.

Also, Brief an Elon schreiben und dieses Arbeitsmodell auch für Tesla anregen. Schließlich verbindet nichts mehr mit dem eigenen Auto, als wenn man weiß, dass man an der Entstehung selbst mitgewirkt hat.

031

Beim Tesla Center Traumwagen konfigurieren und dann mit dem Hinweis gehen, dass man nicht wusste, dass der Wagen nur elektrisch angetrieben wird

Ist es nicht wunderbar, wie gemein die menschliche Psyche sein kann? Da müht sich der arme Tesla-Mann, etwas möglichst teures Passendes zusammenzustellen, und dann geht man unverrichteter Dinge, was eben jenen Automobilberater in den Wahnsinn treibt. Aber die Welt war noch nie fair ...

032 Schrammenfrei durch das Parkhaus N6 in Mannheim rangieren

Wir kennen zwar nicht alle Parkhäuser Deutschlands, aber das N6 in Mannheim ist für Fans unverletzter Lacke wohl eines der gruseligsten. Die Stellplätze sind mit 2,2 Metern extrem eng, was hauptsächlich an den Pfeilern liegt, die für eine gewisse Statik sorgen sollen. Der ADAC hat dem N6 bei einem Vergleich von 40 Parkhäusern einst die rote Laterne angehängt. Eine Tesla-Challenge der besonderen Art ...

Im Tesla den Pikes Peak erklimmen

033

Wer einmal an diesem Berg in Colorado, USA, war, wird ihn nicht vergessen – vor allem der Blick von oben auf die Wolken unter einem, wenn Rennwagen beim großen Pikes-Peak-Rennen die 19,9 Kilometer lange Strecke einzeln hochjagen. Findet das Rennen gerade mal nicht statt, kann man problemlos – in welchem Auto auch immer – die Strecke selbst in Angriff nehmen. Seit 2012 auch das letzte Teilstück asphaltiert ist, muss man nicht mal mehr Schäden durch Kieselsteine befürchten. Momentan hält übrigens VW mit dem 680 PS starken I.D. R Pikes Peak den Zeitrekord für Elektroautos mit 7:57,148 Minuten.

034

Eine Alpen-Pässe-Tour unternehmen

Vorbei die Zeiten, in denen Zwei-, Drei-, Vier-, Fünf-, Sechs-, Acht-, Zehn-, Zwölf- oder 16-Zylindergebrüll von der gegenüberliegenden Bergseite widerhallt – so ein Elektroauto scheucht keine Bergziegen aus ihrer Lethargie und lässt den Murmeltierwächter verbotenerweise schlafen. Man muss nur vor jeder Kurve hupen, weil selbst Herdenhütehunde die Gefahr nicht erkennen können …

Eine kleine Liste mit dankenswerten Zielen? Kein Problem: Hier gibt es die Top 12 der höchsten asphaltierten Alpenpässe, die auf zwei oder vier Rädern durchgehend auf ungeschotterten Straßen legal befahrbar sind:

https://www.paesse.info/hoechste-paesse-der-alpen/#anker-hoechste-alpenpaesse

Vorsicht: Spoiler! Hier die Top 3:

1. Col de l'Iseran in Frankreich 2770 m
2. Stilfser Joch (Passo dello Stelvio) in Italien 2758 m
3. Col d'Agnel (Colle dell'Agnello) in Frankreich-Italien 2744 m

Mehr zu den „Lebensadern der Alpen" bieten auch alpenrouten.de und www.alpentourer.eu, die auf ihren Internetseiten für mehr als 300 Alpenpässe und Alpenstraßen detailliert informieren über Befahrbarkeit, Wintersperren und Straßenzustand. Hier gibt es auch viele Fotos, Listen, Karten und GPS-Daten rund um die imposantesten und kurvigsten Straßen der Welt.

035

Fotoshooting fürs eigene Auto buchen

Glauben Sie mir: Es ist völlig egal, welchen Autofotografen Sie buchen – die Künstler können alle etwas, und zwar ganz viel. Denn nehmen wir mal an, Sie nutzen Ihren Tesla tatsächlich und stellen ihn nicht nur in der Hoffnung auf Häufung des schnöden Mammons in den Tresor, dann wird sich das Auto im Laufe der Zeit verändern. Da freut man sich doch, das gute Stück vom Profi optisch eingefroren haben zu lassen.

Ein Tesla-Buch schreiben

036

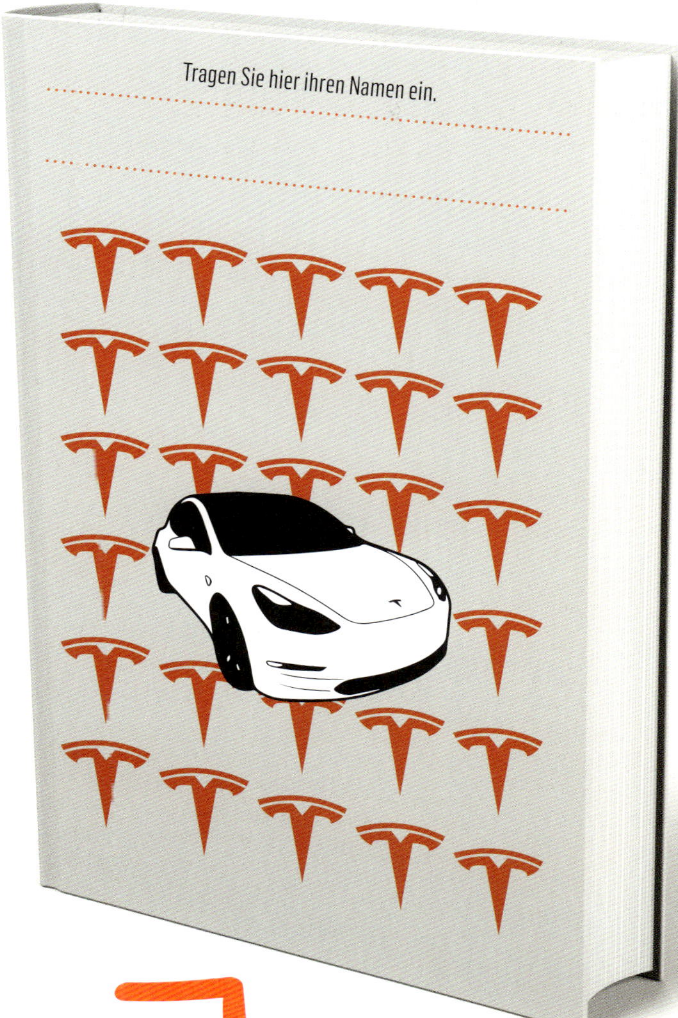

Versprochen: Das funktioniert. Man muss nur eine Idee haben. Und Zeit. Und einen Verlag, der das alles dann auch noch wohlwollend umsetzt. Und noch ein bisschen mehr. Aber dann …

037 Einen Tesla-Fotokalender basteln

Nee, natürlich nicht irgendeinen. Sondern einen mit allen Tesla, die man so besitzt. Und wenn es nur einer ist, kann man den ja durchfotografieren. Eine tolle Erinnerung an die Frühzeit der Elektrifizierung und – falls man das Teil dann nach einem Jahr für die Nachfahren vergräbt – nach Ausgrabungen ein wunderbares späteres Zeugnis für die Stromgläubigkeit der Menschen Anfang des 21. Jahrhunderts.

Mit dem Tesla-Chefstylisten über Design reden

038

Technik ist das eine – aber Autos werden auch heute noch vor allem wegen ihres Designs gekauft. Oder? Der Amerikaner Franz von Holzhausen (siehe Bild) ist seit 2008 Chefdesigner bei Tesla und könnte bestimmt ausplaudern, wie viel ihm Musk ins Handwerk greift und wie sein eigenes Traumauto aussehen würde. Vielleicht auch eine gute Gelegenheit, mal die eigenen Entwürfe zu zeigen ...

039 Tesla-Markenbotschafter werden

Gibt's woanders ja auch – Porsche hat zum Beispiel Angelique Kerber und Hans-Jürgen „Richy" Müller, Mercedes Felix Jaehn und Cro, Jaguar Julian Nagelsmann und José Mourinho. Kann also nicht so schwer sein. Als Co-Markenbotschafter bei Tesla empfehlen wir Milli Vanilli (passt zu den autonom-Funktionen eines Tesla – die beiden Vorzeige-Popper haben auch nie was selbst gemacht), Otto (ständig unter Strom) und jemanden wie Gilbert Bécaud (Monsieur 100.000 Volt, Gott hab ihn seelig).

Ein Modell von seinem Tesla in 1:87 fertigen lassen und es im Miniatur-Wunderland in Hamburg positionieren

Kein Witz: Auch wenn das Miniatur-Wunderland in Hamburg ein Eldorado für Eisenbahnfans ist, kann es Automobilisten genauso erfreuen. Denn weit mehr als 9000 Pkw und Lkw wurden in ganz verschiedenen Situationen in Szene gesetzt. Bei den Lastwagen können Firmen gegen einen kleinen Obolus und mit bei den Machern genehmen Themen und Branchen ihre Firmenlogos postieren – warum also nicht mal einen personalisierten Tesla präsentieren? Es ist ein Versuch wert. Übrigens „fährt" hier schon ein Cybertruck. Mit Anhänger.

041 Bei der UNESCO einen Tesla als Weltkulturerbe anmelden

TESLA

Sagt nicht stets irgendwer „Tesla changed the world"? Na denn - es wäre nur gerecht, gleich mit der Ehrerbietung anzufangen, und was wäre nachhaltiger, als die Stromer samt Firma in den menschheitsvoranbringenden Adelsstand zu erheben. Und dann sollte König Charles von England gleich noch einen draufsetzen und den Urheber zum Ritter schlagen. Der könnte dann den Titel „Sir Musk of California and Gruenheide" tragen.

Kein Tesla-Club in Ihrer Nähe? Dann sofort einen gründen. Schließlich gibt es kaum etwas Nachhaltigeres, als in angenehmer Gesellschaft über Reichweitentricks oder auch die neuesten Programm-Updates zu plaudern. Philosophische Betrachtungen der automobilen Zukunft inklusive …

043 Einen Tesla zum Dragster umbauen

Natürlich könnte man einwenden, dass 1000 PS in einem Tesla durchaus genug seien. Aber, wie es so ist: Leistung kann man nie genug haben – die Dragster kommen mit bis zu 10.000 PS. So schafft man die Viertelmeile in knapp 3,7 Sekunden, der Fahrer erlebt beim Sprint 5 g. Allerdings verbrennt ein herkömmlicher Spitzen-Dragster mal eben 15 Gallonen Kraftstoff in einem Viertelmeilen-Run. Wie viel Strom das wäre, wird gerade berechnet …

044

Einen noch begehrteren Tesla-Pullover designen als das Kulttextil zu Weihnachten 2022

Zugegeben – normalerweise soll man über Geschmack nicht streiten. Und während Modewelt und Fachpresse zwischen mitleidigem Lächeln und empörtem Aufschrei alle Facetten der Ablehnung zum Ausdruck brachten, war der limitierte rote Lapplandpulli mit Tesla-Motiven ausverkauft, noch bevor die ersten wirklich kalten Tage Einzug hielten.

Bei dieser Aufgabe hat nun jeder die Chance, sich kreativ auszutoben. Und keine Angst vor #uglychrismassweater – erlaubt ist, was gefällt. Was Modeschöpfer Karl Lagerfeld zu diesen Kreationen gesagt hätte, tut an dieser Stelle nichts zur Sache …

045 Musks Antlitz in Stein hauen wie die der vier Ex-US-Präsidenten

Waren die vier US-Präsidenten Washington, Jefferson, Roosevelt und Lincoln zu ihrer Zeit die reichsten Männer der Welt? Nein. Vielleicht nicht mal die einflussreichsten, und trotzdem wurden sie in Mount Rushmore National Memorial in Stein gehauen. Da kann man doch mal erst recht einen Herrn Musk aus Pretoria, Südafrika, im Felsen verewigen. Vielleicht auf dem Brocken?

Einen Tesla zum Wohnmobil umbauen

046

Ach, kommen Sie uns nicht mit Reichweite. Der gemeine Wohnmobilist rumpelt am Zielgebiet von einem Campingplatz zum nächsten, immer auf der Suche nach mehr Meer, spektakuläreren Felsen oder poppigeren Partys.
Aber vielleicht gibt es noch eine viel bessere Idee: Nämlich einen Tesla als „Rolling Chassis“ anzubieten, so dass Spezialisten den Aufbau erfinden können. Alternativ könnten ganz Findige auf diese Weise eine riesengroße Batterie kaschieren und mit 5000 Kilometer Reichweite glänzen.
Allerdings drängt die Zeit, denn bei Tesla arbeitet man wohl selbst an einem Wohnmobil, auf Basis des Semi …

047 Einen Musk-Schrein bauen

Von seinen Jüngern wird Musk nicht als nüchtern kalkulierender Firmenlenker gesehen, sondern als authentische Leit- und Lichtfigur auf dem Weg zur Rettung der Erde. Also ist er eigentlich „Jesus Musk“ oder „Elon - Teslas Sohn“ - obwohl er ja eher Teslas Schöpfer ist. Egal: Ein Schrein ist gut. Für was auch immer.

Sich einen besonderen Tesla Roadster zulegen, ohne einen Cent dafür zu bezahlen

048

Geht nicht? Nun, wie man es nimmt. Tatsächlich fliegt zurzeit ein Tesla Roadster um die Umlaufbahn der Sonne. Der wurde als PR-Coup im Februar 2018 von Musk mit einer Rakete vom Typ Falcon Heavy samt Astronautenpuppe Starman ins All gebracht. Und wird er nicht gepflückt, verglüht er irgendwann. Das wahrscheinlichste Ende wird die Kollision mit der Sonne sein, aber selbst wenn der „Geisterfahrer" in sehr vielen Jahren in die Erdatmosphäre eintritt, würde er aller Voraussicht nach vollständig verglühen. Wer die aktuelle Position und andere wichtige Parameter wie Reisegeschwindigkeit checken möchte, wird hier fündig:

www.whereisroadster.com

Das Problem an der Aktion ist allerdings das Hinkommen und Einfangen. Das wird dann doch ein paar Dollar kosten, aber man hätte ein garantiertes Einzelstück …

049 Musk ein Produkt anbieten, dass er nicht verkaufen kann

Tatsächlich wettete Elon Musk einmal, er könne jedes Produkt verkaufen. Das bewies er mit einem Flammenwerfer, gebaut von seiner Firma „The Boring Company", der eine ein Meter lange Flamme produzierte. Gleichzeitig verkaufte er passende Feuerlöscher. Allein von dem Flammenwerfer brachte er 20.000 Stück zu je 500 Dollar an den Mann und die Frau. Aber es müsste doch etwas geben, was selbst Musk nicht los wird?

050

Sich einen noch dümmeren Aprilscherz einfallen lassen als es Elon Musk am 1. April 2018 tat

Wer es nicht weiß – Musk twitterte damals wörtlich: „Trotz intensiver Versuche, Geld aufzutreiben, inklusive eines verzweifelten Massenverkaufs von Ostereiern, müssen wir leider mitteilen, dass Tesla komplett und absolut pleite ist. So pleite, man glaubt es gar nicht." Zum Glück fiel der 1. April auf einen Sonntag, so dass der Börsenabrutsch der Tesla-Aktie nicht allzu tief ausfiel. Allerdings soll Musk kurz darauf mal eben 33.000 Tesla-Aktien eingekauft haben – natürlich zu dem niedrigen Aprilscherz-Preis.

051

Einen Supercar-Tracktest organisieren und rausfinden, ob der neue Tesla Roadster der leistungsstärkste E-Sportler ist

Kleben Sie hier Ihren Testkandidaten ein.

Zunächst besteht die Aufgabe darin, einen gleichwertigen Gegner zu finden. Wir empfehlen an dieser Stelle den Pininfarina Battista. Der limitierte Supersportwagen entsteht in 1340 Stunden Handarbeit, bevor er dank seiner 1900 PS Systemleistung in unter 12 Sekunden die 300-km/h-Marke reißt. Natürlich hat der Testkandidat - hier im Bild unten - auch seinen Preis: Das Resultat der Zusammenarbeit von Pininfarina mit dem kroatischen Hersteller Rimac Automobili wird für über 2,1 Millionen Euro offeriert, selbstverständlich limitiert auf 150 Einheiten. Aber wie gesagt, es ist ja nur ein Vorschlag, denn auch die Serienversion des Aspark Owl (Bild links) wäre eine - wenn auch teurere - Alternative. Falls Sie einen besseren Endgegner kennen, lassen Sie es uns wissen.

Der Tesla Roadster geht auf jeden Fall mit einem bescheideneren Anschaffungspreis von 250.000 Euro ins Rennen, soll aber eine Höchstgeschwindigkeit von über 400 km/h aufweisen und den Fahrer mit 10.000 Nm Drehmoment fordern. Ob das optionale „SpaceX-Ausstattungspaket" ein zu großer Wettbewerbsvorteil wäre, muss sich erst noch zeigen - schließlich ist die Auslieferung des Über-Tesla erstmal auf 2023 verschoben ...

052 Tesla in der Erfindung neuer Auto-Assistenten unterstützen

Von Tesla kommt zum Beispiel der „Dog-Mode“: Ein Softwaremodus, der im Auto zurückgelassenen Haustieren eine möglichst komfortable Zeit ermöglicht, indem er die Klimaanlage auf einem vorgegebenen Wert laufen lässt und der Touchscreen groß die Innentemperatur zeigt sowie die Nachricht „Mein Herrchen wird bald zurück sein.“ Uns würde zum Beispiel ein sehr sozialer „Penunzen-Mode“ einfallen: Je nach steigenden oder fallenden Aktienkursen pumpt das Fahrwerk die Karosserie des Tesla hoch oder runter, so dass jeder gleich sieht, wie's steht. Auf dem Display werden stets die besten Aktiendeals gezeigt - groß genug, so dass jeder danach handeln kann.

Ein Drehbuch für die Verwendung des Cybertrucks schreiben

053

Als Tesla-Fan findet man natürlich auch den Cybertruck im Stealth-Design genial, laut Tesla wie ein „Truppentransporter aus einem Blade-Runner-Film". Seine Form ist so aber wohl kaum zulassungsfähig – da reicht schon das Stichwort „Fußgängerschutz".

Aber es wäre schade, wenn der Pick-up-Truck in der Versenkung verschwinden würde. Also Flügel dran machen, und dann den nächsten Blockbuster drehen. Zum Beispiel „Top Gun III: Teslerick fürchtet weder Elonerick noch Muskerick".

054

Als Teil der Tesla-Familie sich einen Namen fürs Musks nächstes Kind einfallen lassen

Aber so etwas Normales wie Paula und Gregor gilt nicht. Neun Kinder soll er bereits haben, und Musks Namensgeschmack ist extraordinär: Ein Sohn heißt zum Bespiel X Æ A-XII, obwohl der Papa zunächst X Æ A-12 bevorzugte. Aber Ziffern in Namen sind in den USA nicht erlaubt. Eine Tochter heißt übrigens Exa Dark Sideræl. Wir schlagen mal Sledom Alset vor. Wer nicht weiß warum, sollte mal rückwärts lesen.

Seinem Vorbild Elon Musk einen großen Safe schenken

055

Es muss aber ein sehr großer sein. Er müsste sich drüber freuen, denn schon von seinem Elternhaus erzählte er einst: „Wir waren sehr wohlhabend. Wir hatten zeitweise so viel Geld, dass wir unseren Safe nicht zubekamen.“ Und nochmal, damit‘s kein Fehlkauf wird: Heute müsste es ein sehr, sehr, sehr großer Safe sein …

056 Mitglied in „The Mars Society" werden

Was ein echter Teslarianer ist, muss natürlich - wie Musk - in die 1998 gegründete Non-Profit-Organisation einsteigen. Dort sind bereits Wissenschaftler, Ingenieure und Raumfahrtenthusiasten organisiert. Ziel ist die Förderung der bemannten und unbemannten Erforschung des Mars. Und wer weiß, welche zukünftigen Tesla-Modelle dort einmal die Transportfragen klären werden ...

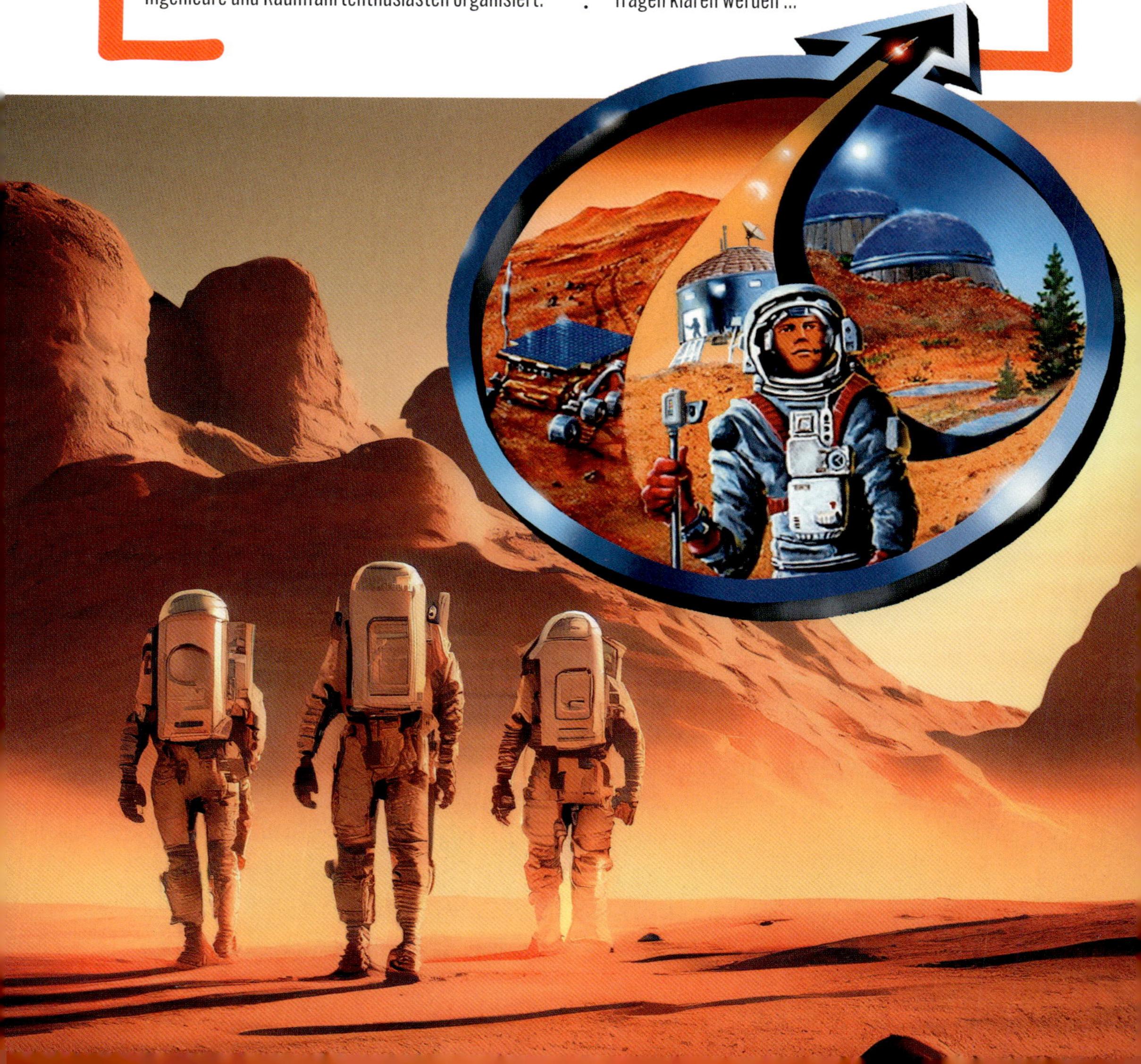

057

Seinen langweiligen Tesla-Bildschirm aufpeppen

Da hilft „Kinetic Tesla Screens“ (https://kinetic.com/teslascreens): Die Firma aus Alabama bietet hübsche Auffrischungen an wie „Peacemaker“ (mit Knöpfen für Machine Guns, Flame Thrower, Death Laser), „KITT“ (für Hasselhoff-Fans), Matrix (macht irre), oder „Hal 9000“ (das fiese Auge aus „Odyssee im Weltraum“) und mehr (Aquarium, Kaminfeuer).

058 Im Tesla übernachten

Wie's geht, hat Blogger Alexander Nassian („Hotel Tesla") ausprobiert: Beine in Embryostellung angewinkelt in den Kofferraum und die Erhöhung der umgeklappten Rückbank als Kopfkissen nutzen. Oder: Oberkörper in den Kofferraum, Beine nach vorne. Nachteil: häufige Zusammenstöße der Stirn mit der Innenverkleidung des Kofferraumdeckels. Oder: „Dreamcase" kaufen (https://dreamcase.eu). Man bekommt eine faltbare Matratze inklusive Bodenausgleich und Decke und Kissen in einem speziell je Model angepassten Gehäuse. Na dann: Gute Nacht!

Der Langeweile beim Laden den Garaus machen

059

Sogar der Tesla Club Germany gibt zu, dass Laden langweilig ist – und freut sich über das Pilotpojekt von Tesla und dem Berliner Startup Dérive, die es ermöglicht haben, am SuC Herzsprung (A24) in eine Augmented Reality-Welt einzutauchen. Zu entdecken und gewinnen gab es ein „nachhaltiges Kultobjekt, nämlich einen exklusiv für Dérive designten, handgefertigten Kurland Coffee-to-Drive-Becher der Porzellanmanufaktur KPM Berlin.“ Wir hätten da noch ein paar interessantere Vorschläge für digitale Kurzweiligkeit: Ein virtueller Rundgang durch die geheimen Entwicklungsabteilungen der chinesischen Konkurrenzfirmen wie BYD; ein Spaziergang auf dem Mars; stiller Zuschauer sein bei einem Treffen von Musk, Branson und Bezos …

060 Den Tesla-Hasser von Las Vegas finden

Mitte November 2022 machte sich in Las Vegas ein Tesla-Hasser Luft - indem er DIN-1A-große Zettel and parkende Tesla klebte. Nach seiner Meinung ist ein E-Auto viermal umweltschädlicher als ein Auto mit Verbrennungsmotor. Am Ende des Zettels äußerte der Verfasser noch seine Bedenken, dass Öl gar nicht aus Fossilien gewonnen wird, sondern die Politiker das lediglich erzählen, um Geld zu machen. Der Tesla Impact Report aus dem Jahr 2021 soll allerdings die Vorwürfe entkräften.

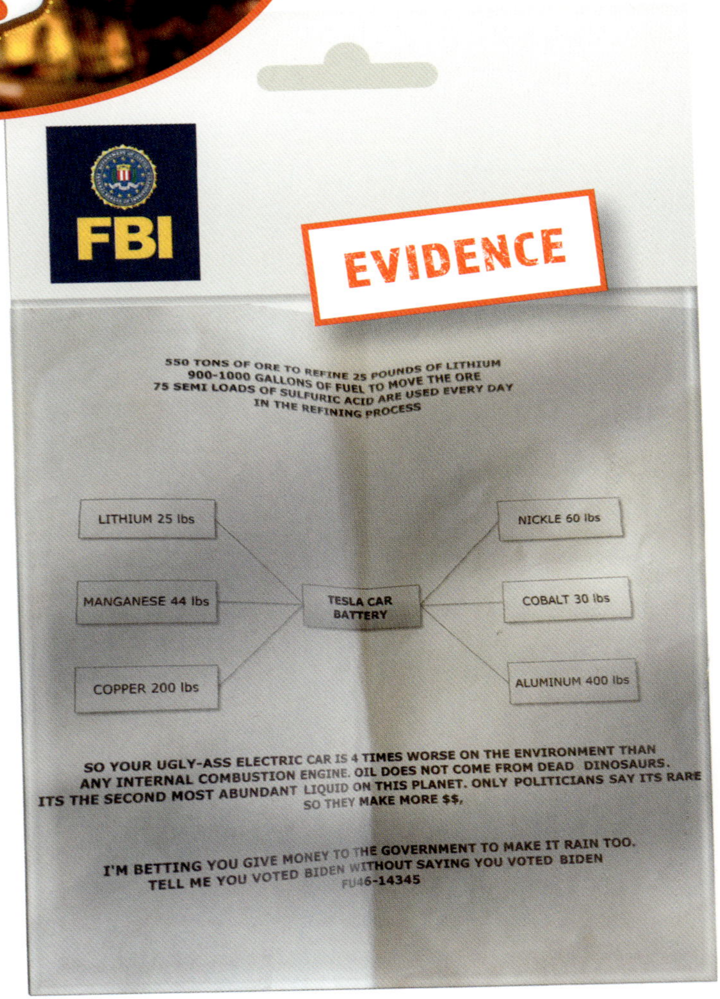

Tesla schriftlich zur Verbesserung ihrer Qualität beglückwünschen

061

Das ist ein Grund zum Feiern: 2021 kletterte Tesla bei der jährlichen US-Studie der US-Verkehrssicherheitsbehörde NHTSA (National Highway Traffic Safety Administration) um zwei Plätze nach oben. Wurde also Drittletzter - 2020 war Tesla noch das Schlusslicht. Allerdings basieren die Daten nur aus 35 Bundesstaaten - in 15 Bundesstaaten hat Tesla J.D. Power verboten, die Kunden zu befragen. Die Marktforscher ermitteln in ihrer Studie den so genannten PP100-Wert - die Zahl der aufgetretenen Probleme bei 100 Fahrzeugen. Dabei konnte sich Tesla leicht verbessern, mit 231 Problemen belegten die Kalifornier den drittletzten Platz - werden aber wegen ihrer Sonderrolle quasi nicht „offiziell" gewertet. An dieser Stelle allerdings auch eine gute Nachricht für alle, die angesichts der Platzierung allzu enttäuscht sind oder gar ein Tesla-Bashing vermuten: VW liegt nur einen Platz vor Tesla, Audi sogar einen dahinter.

062 Seinem Tesla das Petzen verbieten

Teslas, von allen modernen Autos wohl am besten vorbereitet für viele Funktionen des autonomen Fahrens, können petzen. Ok, es gibt Fälle, da findet das jeder außer dem Betroffenen gut - zum Beispiel, als ein Tesla Model 3 nachts mit 160 km/h gegen eine Ampel geprallt und dann stark beschädigt auf einer Verkehrsinsel gestrandet war. Fahrer und Beifahrerin flüchteten zu Fuß. Die Sicherstellung der Festplatte und die Auswertung der Fahrzeugkamera, die nonstop gelaufen war, überführten den Halter als Schuldigen. Aber überlegen Sie mal, das schlaue Auto würde der ebenfalls ab und zu das Auto fahrenden Ehegattin vermelden, welche Maße die Dame hatte, die letztens auf dem Beifahrersitz saß? Oder über Lautsprecher preisgeben, was in den geheimen Unterlagen im Kofferraum steht? Oder an Tesla melden, wie oft man das erlaubte Tempolimit strapaziert. Neeeee ...

Musk anbieten, seinen Job zu übernehmen

063

Tatsächlich hat Elon Musk laut einem BBC-Bericht vor einem US-Gericht Mitte 2021 über seinen Job als Chef von Tesla gesagt: „Ich hasse es eher und würde meine Zeit lieber mit Design und Technik verbringen." Na, wenn das so ist – dem Mann kann geholfen werden. Ähnliches hat er Ende 2022 ja schon bei Twitter praktiziert: User abstimmen lassen und als Chef zurücktreten – sobald er einen Nachfolger für den Posten des Chief Executive Officer (CEO) gefunden hat. Der Bewerber müsse aber „dumm genug" sein, den Posten zu übernehmen (im Original: „As soon as I find someone foolish enough to take the job"). Er selbst wolle dann nur noch die Software- und Server-Teams leiten.

064

Immer ein paar Aufkleber mit dem Satz „Musk have" im Auto dabeihaben

Und sie dann, wenn's passt, auf die Trucks der Tesla-Gegner zu kleben. Zumindest in Amerika machen immer wieder intolerante Kleingeister auf sich aufmerksam, die mit ihren fetten V8-Pick-up-Trucks absichtlich Tesla-Ladestationen blockieren - und dann oft noch den Aufkleber „F..k Tesla" am Heck prangen haben. Man muss sich ja nicht gleich auf dieses „Niveau" hinabbegeben - aber eine Antwort ist nur fair. Am besten mitten im Fahrer-Blickfeld auf die Windschutzscheibe. Der Aufkleber mit einem selbstsicheren Musk, der die Hände vor der Brust verschränkt, gibt's zum Beispiel beim T&E-Shop (https://shop.temagazin.de/kategorie/sexy-cars/).

Einen Elon-Musk-Comic entwickeln

065

Der Mann ist doch Superman, Batman und The Joker in einem – wie wär's also mit „Hyperman"? Wer wissen will, wie es geht, kann sich an Tesla- und SpaceX-Fan Eli Burton orientieren. Der Mann hat einfach nur so aus Jux eine Comicreihe über „Starman" entwickelt. Das ist die als Astronaut verkleidete Puppe, die im Tesla Roadster sitzt, der im Weltraum für Elektroautos wirbt (siehe auch #48).

066

Tesla-Zubehör erfinden

Machen andere auch schon. Zum Beispiel der Fan, der einen Rucksack im Cybertuck-Design entworfen hat und ihn tatsächlich produziert. In einer robusten Kohlefaserhaut befindet sich ein Akku-Pack mit USB-Ports zum Laden kleinerer Geräte. https://www.meinteslazubehoer.de

Oder etwas für die Tesla-Cave (siehe #29)? Da gibt es schon stylische Whiskey-Gläser, zu denen ein aus einer Ladesäule umgebauter, akkubetriebener Kühlschrank mit Eiswürfelfach gut passen würde …

067 Frauen für das Model 3 begeistern

Nicht lachen – das scheint nämlich ganz schön schwierig zu sein: Laut dem Vergleichsportal Verivox vom Juli 2022 waren 85 Prozent der Versicherungsanmelder eines Model 3 Männer. Frauen favorisieren dagegen den Fiat 500. Immerhin gibt's den auch vollelektrisch.

Den Kilometerweltrekord für einen Tesla knacken

068

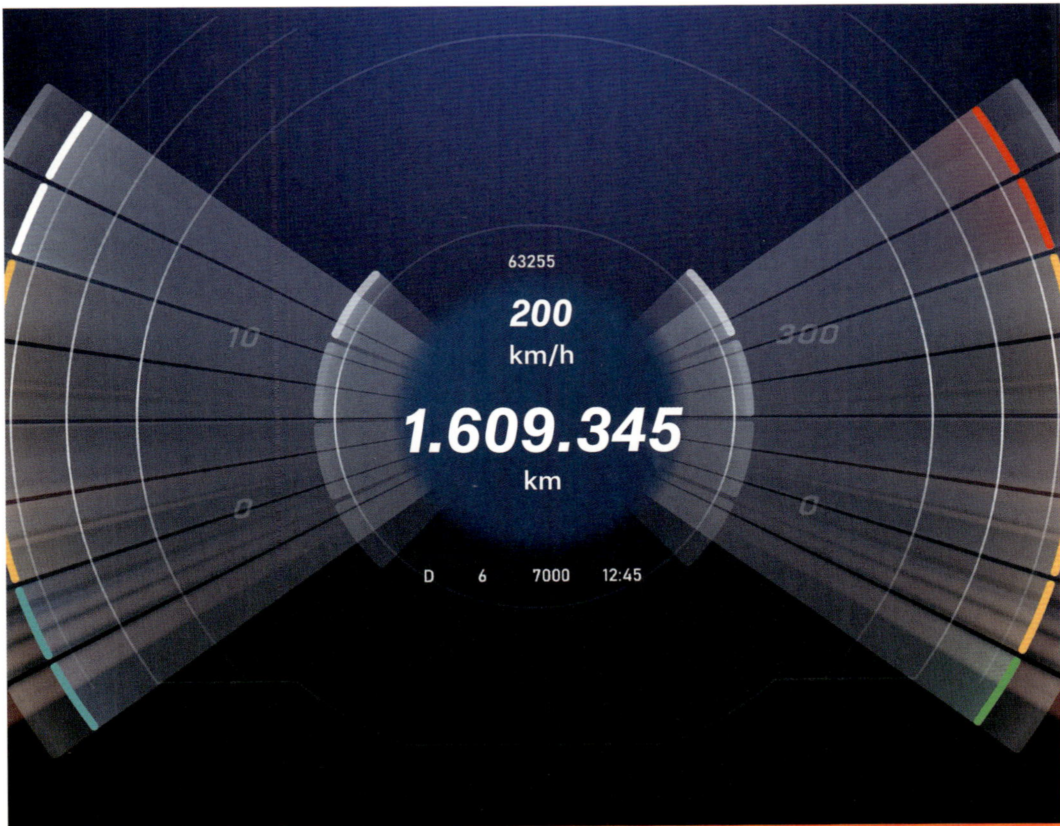

Den soll der Deutsche Hansjörg von Gemmingen-Hornberg halten, der im Juni 2022 den Stand von 1.609.344 Kilometer (also rund eine Million Meilen) in seinem Model S von 2013 meldete. Die ersten davon fuhr er allerdings nicht selbst. Das Auto soll jetzt seinen 12. Elektromotor bekommen haben, die achtjährige Garantie hat jedoch nun ein Ende. Trotzdem wird das Auto weitergefahren: Für das Modell gilt noch das einst im Kaufpaket enthaltene lebenslange kostenlose Supercharging (für Model S und Model X). Wer also heute beginnt, den Rekord einstellen zu wollen, muss wohl deutlich tiefer in die Tasche greifen.

069

Im Tesla einen Fluss durchqueren

Der YouTuber Chet Lord von Chillin´ with Chet hat bereits Vorarbeit geleistet und fuhr einen Tesla Model S Plaid etwa 30 Meter durchs Wasser.
https://www.youtube.com/watch?v=Npnwau-XZd0
Das Auto wurde vorher beim Tesla-Spezialisten Gruber Motors präpariert, der es unter anderem schwerer machte, damit Traktion gewährleistet ist. Ein „Schnorchel" ist bei Elektroautos nicht nötig, da es keine Luftansaugung geben muss, ein Auspuff für Abgase ebenso wenig. Nach der Wasserung war der Wagen wieder voll einsatzfähig, allerdings ziemlich nass innen. Jetzt gilt es, die Tauchstrecke zu verlängern. Ein geeignetes Trainingsgelände bietet sich übrigens in Rufford Mill Ford, North Nottinghamshire:
https://www.youtube.com/watch?v=lUYfTrXHK4U
Wer lieber auf Nummer sicher gehen möchte, der sollte warten: Musk kündigte an, dass der Cybertruck auch im Meer schwimmen können wird.

070 Eine neue Exterieur-Farbe kreieren

Tesla bietet seinen Kunden insgesamt sieben Farben zur Wahl an: Pearl White Multi-Coat, Midnight Silver Metallic, Deep Blue Metallic, Solid Black, Red Multi-Coat sowie Midnight Cherry Red und Quicksilver. Die beiden letzten Farbtöne sind nur für Kunden in Europa und im Nahen Osten verfügbar.
Wir votieren für die Einführung von Tweety Baby Blue, Deep Space Black, Boring Orange, Greenheather Rain Grey Multi-Coat und Trump Silly Red Multi-Coat.
Da die Aufpreise für diverse Farben bei Tesla abenteuerliche Höhen erreichen können, lohnt es sich darüber nachzudenken, die Standardfarbe Schwarz (Aufreis: 0,00 Euro) zu wählen und dann den Weg zum Folierer seines Vertrauens anzutreten. Alle Besitzer eines Model 3 finden hier eine Gestaltungshilfe: http://m3.p-f.ch/.

071 Sich beim Verein „Tesla Fahrer und Freunde“ e.V. engagieren

TESLA OWNERS

TESLA FAHRER UND FREUNDE

Sie möchten einem Verein betreten, der sich dem Thema Elektromobilität und erneuerbare Energien widmet? Mit Gleichgesinnten und Markenfreunden fachsimpeln? Bei der Förderung der E-Mobilität mitmachen? Kein Problem – schauen Sie doch mal beim TFF e.V. vorbei. Der im April 2014 gegründete gemeinnützige Verein ist der größte von Tesla offiziell anerkannte Owners Club in Deutschland. Im Schwerpunkt kümmert man sich um die Förderung der E-Mobilität, beispielsweise durch den regelmäßigen Austausch rund um Tesla-Fachthemen, Zubehör und Workshops. Kontakt zum Club gibt es über: https://www.tff-ev.de/

Gedankenaustausch mit den „Electrified Women“

072

Bei den Damen steht nicht Technik im Vordergrund, sondern Geräuschlosigkeit und Praktikabilität. Die erste Vorsitzende Arnie Kröger ist – natürlich – begeisterte Tesla-Fahrerin. Über ihr Schlüsselerlebnis erzählt sie: „Erwischt hat mich die Elektromobilität morgens um 4:30 h, als wir lautlos und emissionsfrei durch Paris fuhren. Ich fragte mich einfach, warum das nicht immer so sein kann. Ich bin immer tolle Autos gefahren, Mustang, Corvette, Pick-ups, große Motoren mit viel PS unter der Haube. Heute habe ich keinen Verbrennungsmotor mehr unter der Haube, aber unglaublichen Fahrspaß. Es macht viel mehr Spaß von 0 auf 100 km/h in 4 lautlosen Sekunden zu beschleunigen als mit einem brüllenden V8.“ Das könnte ein interessantes Gespräch werden …

073 Einem V8-Fan erklären, was ein Frunk ist

Die moderne Wortschöpfung „Frunk“ setzt sich aus „Front“ und „Trunk“ zusammen, also aus den englischen Wörtern für „Vorderseite“ und „Kofferraum“. Der Hintergrund: Da unter der „Motorhaube“ kein Verbrenner mehr sitzt, weil die E-Motoren meist an den Achsen sitzen, ist plötzlich Platz für einen zweiten Kofferraum, eben den „Frunk“. Sollten Sie nach der Erklärung in die leeren Augen eines V8-Fans blicken, nicht wundern: Dann ist er ein Freak.

Einen Tesla auf V8 umbauen

074

Man kann von dem Trend, Oldtimer auf Elektroantrieb umzubauen, halten, was man will - aber wie wäre es, mal ein Elektroauto auf Verbrenner umzurüsten? Okay, das ist zwar ziemlich aufwändig, aber denken Sie mal an die staunenden Gesichter, wenn Sie im Tesla mit V8-Wummern und einer feinen Abgasfahne über den Kuhdamm oder die „Kö" blubbern. Unbezahlbar. Ebenfalls unbezahlbar: Tipps für den Umbau. Und die bekommt man bestimmt bei den Experten von Rich Rebuilds. Firmengründer und Auto-Enthusiast Rich Benoit betreibt mit Carl Hewitt einen YouTube-Kanal und sorgte 2021 mit diesem spektakulären Umbau auf der SEMA in Las Vegas für Aufsehen. Dort stand der „ICE-T" (Internal Combustion Engine) mit einem 6,2-Liter-LS3-V8 von Chevrolet, einem TR-6060-Sechsganggetriebe und zahlreichen Teilen aus Camaro SS der 5. Generation. Aber keine Sorge: Für den liebevoll als „one of Greta Thunberg's worst nightmares" bezeichneten Umbau kam ein von einem Hochwasser unrettbar beschädigtes 2015er Model S zum Einsatz. Und so hat das Projekt schon fast etwas von Nachhaltigkeit. Nähere Infos finden sich übrigens hier:

https://www.autoevolution.com/news/the-story-of-ice-t-the-worlds-first-tesla-with-a-chevy-v8-under-the-hood-174774.html

und bei „tuningblog.eu - Das Tuning Magazin"

https://www.tuningblog.eu/kategorien/autos-von-a-z/tesla-model-s-ice-t-382606/

075 Den Nachbarn überraschen mit einem flügellosen Windrad im Garten

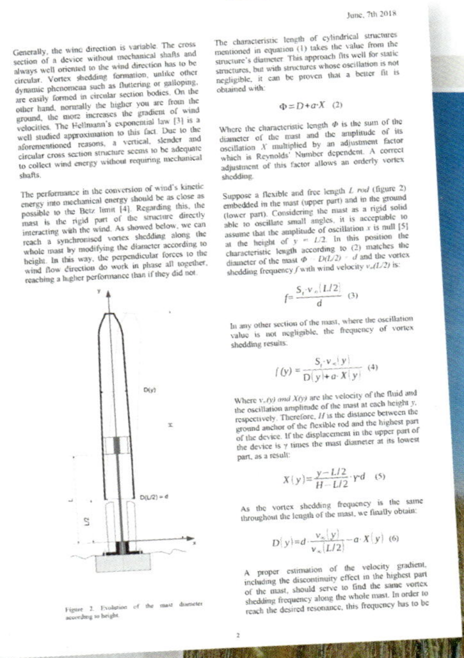

June, 7th 2018

Generally, the wind direction is variable. The cross section of a device without mechanical shafts and always well oriented to the wind direction has to be circular. Vortex shedding formation, unlike other dynamic phenomena such as fluttering or galloping, are easily formed in circular section bodies. On the other hand, normally the higher you are from the ground, the more increases the gradient of wind velocities. The Hellmann's exponential law [3] is a well studied approximation to this fact. Due to the aforementioned reasons, a vertical, slender and circular cross section structure seems to be adequate to collect wind energy without requiring mechanical shafts.

The performance in the conversion of wind's kinetic energy into mechanical energy should be as close as possible to the Betz limit [4]. Regarding this, the mast is the rigid part of the structure directly interacting with the wind. As showed below, we can reach a synchronised vortex shedding along the whole mast by modifying the diameter according to height. In this way, the perpendicular forces to the wind flow direction do work in phase all together, reaching a higher performance than if they did not.

Figure 2. Evolution of the mast diameter according to height

The characteristic length of cylindrical structures mentioned in equation (1) takes the value from the structure's diameter. This approach fits well for static structures, but with structures whose oscillation is not negligible, it can be proven that a better fit is obtained with:

$$\Phi = D + a \cdot X \quad (2)$$

Where the characteristic length Φ is the sum of the diameter of the mast and the amplitude of its oscillation X multiplied by an adjustment factor which is Reynolds' Number dependent. A correct adjustment of this factor allows an orderly vortex shedding.

Suppose a flexible and free length L rod (figure 2) embedded in the mast (upper part) and in the ground (lower part). Considering the mast as a rigid solid able to oscillate small angles, it is acceptable to assume that the amplitude of oscillation x is null [5] at the height of $y = L/2$. In this position the characteristic length according to (2) matches the diameter of the mast $\Phi = D(L/2) = d$ and the vortex shedding frequency f with wind velocity $v_\infty(L/2)$ is:

$$f = \frac{S_t \cdot v_\infty (L/2)}{d} \quad (3)$$

In any other section of the mast, where the oscillation value is not negligible, the frequency of vortex shedding results:

$$f(y) = \frac{S_t \cdot v_\infty (y)}{D(y) + a \cdot X(y)} \quad (4)$$

Where $v_\infty(y)$ and $X(y)$ are the velocity of the fluid and the oscillation amplitude of the mast at each height y, respectively. Therefore, H is the distance between the ground anchor of the flexible rod and the highest part of the device. If the displacement in the upper part of the device is γ times the mast diameter at its lowest part, as a result:

$$X(y) = \frac{y - L/2}{H - L/2} \cdot \gamma \cdot d \quad (5)$$

As the vortex shedding frequency is the same throughout the length of the mast, we finally obtain:

$$D(y) = d \cdot \frac{v_\infty (y)}{v_\infty (L/2)} - a \cdot X(y) \quad (6)$$

A proper estimation of the velocity gradient, including the discontinuity effect in the highest part of the mast, should serve to find the same vortex shedding frequency along the whole mast. In order to reach the desired resonance, this frequency has to be

2

Alle sprechen über Stromerzeugung – die E-Autofahrer erst recht. Wie wäre es also mit einem Tesla im Carport und einem Windrad im Garten? Ach ja, richtig: Windräder sind in Wohngebieten verboten. Na, dann also ein Windrad ohne Flügel. Die entwickelt das spanische Unternehmen Vortex Bladeless – es will Windstrom durch Wackeln statt Drehen erzeugen. Dabei handelt es sich um längliche, laternen- oder antennenartige Konstruktionen, die durch Schwingungen Energie erzeugen sollen. „Aeroelastische Resonanz" nennt man das Prinzip. Wem so eine Säule nicht stylisch genug ist: Es gibt noch zahlreiche andere Ausführungen vertikaler Windkraftanlagen (kleines Bild). In jedem Fall dient auch der „Kunstaspekt im eigenen Garten" durchaus als Argumentationshilfe zur Streitschlichtung mit den Nachbarn …

Einen Tesla-Kumpel mit Tesla-Lifestyle-Produkten erfreuen

076

Da wären zum Beispiel die Tesla-Christbaumkugeln (wirken allerdings nicht zwischen Kerzen – der Baum muss natürlich elektrisch beleuchtet sein), die Frunkles Reisetasche oder das Osterei „Ei-lektrisch unterwegs“. Zu haben zum Beispiel bei Tesla Custom.

077 Range Extender einbauen

Für alle, die auf Nummer sicher gehen wollen. Aber natürlich ist da Kreativität gefragt: Sei es ein konventioneller Verbrennungsmotor – hier kommt sogar der gute alte Wankel aufgrund seiner kompakten Bauweise wieder ins Spiel – oder aber ein linearer Wasserstoffantrieb, wie ihn die israelische Firma Aquarius Engines als 10 kg schwere Fond-Lösung bereits 2021 präsentiert hat. Vielleicht möchten Sie den Stauraum für Ladekabel auch keinesfalls aufgeben und überlegen sich eine stromproduzierende Anhängervariante. Als Vorbild kann die hier gezeigte Einheit dienen, die vor gut 10 Jahren von der französischen Firma EP Tender der Öffentlichkeit vorgestellt wurde. Unter dem Deckel des Hängers arbeitet ein 600 Kubikzentimeter kleiner Verbrennungsmotor mit einem Verbrauch von knapp 4 Litern auf 100 km (35-Liter-Benzintank). Also, ran ans Werk – interessante Lösungsansätze existieren bereits.

Durch eine Stromstraße fahren

078

Die gibt's nicht? Doch, die gibt's: Zum Beispiel in 10555 Berlin Moabit, Bezirk Mitte. Sie ist teilweise Landesstraße, teilweise Zufahrtsweg mit 30er- und 50er-Zone. Auch Saarbrücken (66115) hat eine Stromstraße, und zwar im Stadtteil Malstatt. Und für Düsseldorfer: Stromstraße in Unterbilk (40221), in Ostdeutschland bietet sich die Stromstraße im Seeheilbad Zingst (18374) an. Bevor der Einwand kommt: Ja, gibt alternativ auch die Wattstraße(n). Beispielsweise in Köln-Gremberg (51105). Spannend (sorry für das Wortspiel) wird es auch in einer der Ampére-Straßen, wie die in 73499 Wört-Bösenlustnau, eine 1500-Einwohner-Gemeinde am östlichen Rand des Ostalbkreises.

Wer dann immer noch ein Straßenziel sucht: Wie wäre es mit der Nikola-Tesla-Straße in Ettenheim (77955)?

079

In die E-GT-Serie einsteigen

Wenn man schon so viel E-Power hat, sollte man damit auch Rennen fahren. Die dachlose Formel E kommt nicht in Frage, aber dafür ist eine GT-Serie für Elektroautos in Arbeit, die allerdings noch nicht so richtig ins Laufen gekommen ist: Electric Production Car Serie, früher Electric GT. Das Auto dazu gibt es auf jeden Fall schon – der EPCS V2.3 Tesla P100DL hat 585 kW, das sind nette 795 PS. Das maximale Drehmoment soll 995 Nm betragen. Das reicht für 250 km/h Spitze und einen Sprint von 0 auf 100 km/h in beeindruckenden 2,1 Sekunden.

spv.racing
Bcomp
E. Kimilainen
A. Fontes
PIRELLI
HRX
OMP
DHL

080 Mit Tesla heizen

Nein, man muss ihn ja nicht gleich anzünden oder warten, dass die Batterie Feuer fängt - es geht auch anders. Und zwar mit einer Bild-Infrarotheizung von Könighaus: Als Wunschmotiv bietet sich natürlich der eigene Tesla vor Traumkulisse an. Ein Konfigurator zeigt beim Bestellvorgang an, welche Auflösung erforderlich ist, gibt es diese leichten, dünnen (ca. 2 cm) und effizienten Bildheizungen doch in verschiedenen Größen. Bei einem Format von 60 x 120 cm sollte das Bild Minimum 3400 x 1700 Pixel aufweisen, mehr ist freilich besser. Preis für 1200 Watt rund 300 Euro. Und selbstverständlich werden die heißen Bilder bevorzugt mit Strom aus der hauseigenen PV-Anlage versorgt.

Reise zu den schönsten Ladesäulen Deutschlands

081

Na gut, ob es „schöne" Ladesäulen gibt, muss jeder selbst beurteilen. Aber in den speziellen Foren werden Ladesäulen genannt, in deren Umgebung man schöne Dinge unternehmen kann. **Zum Beispiel:**

- Donaustauf Walhalla (nahe Regensburg, 2x Typ 2-22 KW am Parkplatz kostenpflichtig): Ausflug zum Wandern, Picknicken und Aussicht genießen.
- Starnberger See (4x Typ 2-22 KW kostenpflichtig): Baden und sonnen
- Olympiapark München (2x CCS 135 KW, 4x Typ 2-22 KW kostenpflichtig): Konzerte, Fernsehturm, Spazieren im Olympia-Park, Picknick, BMW-Welt
- Parkplatz am Kyffhäuserdenkmal, Kyffhäusergebirge/Südharz (2x Typ 2, 11 kW, laden kostenlos, parken kostenpflichtig): Wandern, Geschichte erleben

Und nicht vergessen: Alles aufschreiben für den ultimativen Reiseführer „Mit vollem Akku durch Deutschland".

082 Die Zeitzone „Elon-Time" einführen

Unter „Elon-Time" verstehen Tesla-Fans die versprochenen Zeithorizonte und Termine, die Elon Musk bei seinen Produktankündigungen üblicherweise bekannt gibt. Allerdings ist es bereits mehrmals vorgekommen, dass Termine nicht eingehalten wurden. So eine „Elon-Time" könnte auch bei privaten Vorhaben durchaus hilfreich sein …

Mit dem eigenen Tesla auf ein Elektroauto-Treffen fahren

083

Wenn schon, dann natürlich auf ein möglichst großes Treffen. Im Juli 2022 fand die weltweit größte Veranstaltung dieser Art auf dem Messe-Gelände in Hannover statt: Zur Veranstaltung S3XY Cars Community kamen mehr als 1500 batterieelektrische Fahrzeuge (größtenteils von Tesla), für die sich über 3000 Besuchende interessierten.

Eine Woche später richtete der Club Tesla Owners of Silicon Valley seine Veranstaltung „California Takeover“ aus, zu der ebenfalls alle Marken zugelassen waren. Einige Hersteller zeigten Konstruktionen, die es in Europa noch nicht gibt, so beispielsweise der elektrischen Pick-up R1T von Rivian. Trotzdem reichte es nur für den Titel „Weltweit zweitgrößtes Treffen“.

084 Am Cannonball-Rennen für E-Autos teilnehmen

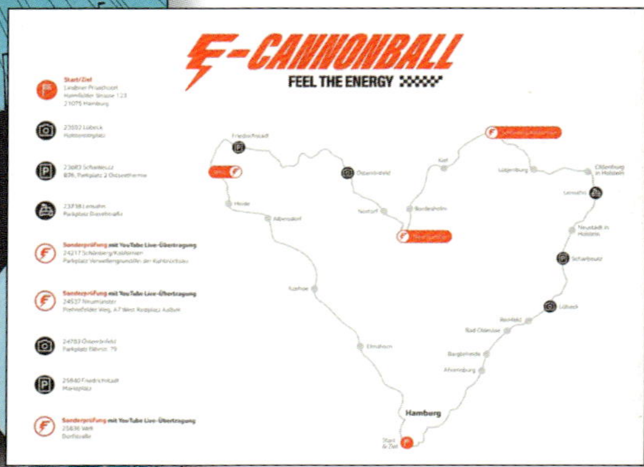

Zugegeben: Wer „Cannonball" hört, denkt zuerst an illegale Rennen quer durch die USA mit dem Ziel, möglichst viele Polizisten zu foppen. Keine Sorge: Es geht auch legal und seit 2018 in Deutschland:

Der „E-Cannonball" ist eine touristische Ausfahrt für rein batterie-elektrisch angetriebene Autos und Motorräder. Die Veranstaltung soll dafür werben, dass auch Langstreckenfahrten mit E-Autos problemlos möglich sind.

Ryan Levinson und Josh McAllen ihren Rekord abjagen

085

Was die beiden geschafft haben? Den Zeitrekord bei der Coast-to-Coast-Durchquerung Amerikas mit einem Elektroauto. Bislang hielt ein Porsche Taycan den Rekord mit 44 Stunden und 26 Minuten, die beiden Piloten schafften 2021 aber in einem – gemieteten – Tesla Model S mit 42 Stunden und 17 Minuten den neuen Rekord. Sie mussten 24 Ladestopps einlegen und verloren dabei mehr als sieben Stunden, auch wenn sie stets mit weniger als zehn Prozent Ladung ankamen und mit rund 50 Prozent wieder losfuhren. Für den 4500 Kilometer langen Trip von Los Angeles nach New York beliefen sich die „Tankkosten" auf etwas mehr als 68 Euro.

086 Bei Spotify eine Playlist für Tesla-Fahrer und Musk-Fans anlegen

In Sachen Bands bieten sich da zum Beispiel „AC/DC" und das „Electric light Orchestra" an, in Sachen LP Jean-Michel Jarre mit „Electronica", Jimmy McGriff mit „Electric Funk", Jean-Luc Ponty mit „Cosmic Messenger" und Tower of Power mit „Urban Renewal". Als Titel fallen uns unter anderem „Ballroom Blitz" von Sweet sowie „1000 Mal berührt" von Heinz-Rudolf Kunze ein. Tbc ...

087

Immer ein Geduldsspiel für die Wartezeit an der Ladesäule mitnehmen

Andere wollen ja auch laden – das kann dauern. Als Geduldsspiel-App bieten sich zum Beispiel Solitaire, Wood Block Puzzle Westerly, Mazes and More oder Cubway an. Wer ganz schlechte Erfahrungen mit Zeitverlust gemacht hat und wer sich lieber analog gedulden möchte, dem empfehlen wir das größte Puzzle der Welt (kleines Bild): „Travel around Art“ hat 54.000 Teile, ist 8,64 m lang und 2,04 m hoch (17,63 m^2). Puzzlekönig Peter Schubert aus Hallerndorf (Landkreis Forchheim) löste das 30 Kilo schwere Geduldsspiel, das in einem Koffer geliefert wird, im Jahre 2021 in viereinhalb Monaten.

088 Die größten Windräder der Welt besuchen

Seit Oktober 2022 steht das Windrad mit dem **weltgrößten** Rotordurchmesser in China: Der Rotor der riesigen Windturbine hat einen Durchmesser von 242 Meter. Mit einem nominalen Energie-Output von 16 Megawatt ist es das leistungsstärkste Windrad in der Asien-Pazifik-Region. Die Windabdeckung der neuen Anlage beträgt von 50.000 Quadratmeter. Laut China erzeugt das Windrad namens MySe 16.0-242 vom chinesischen Hersteller Mingyang Smart Energy pro Jahr rund 63,5 Millionen kWh. Das soll ausreichen, um rund 30.000 Haushalte in China mit Strom zu versorgen.

Ein paar Tage zuvor hatte Siemens Gamesa verkündet, man habe einen funktionsfähigen Prototyp mit dem Namen SG 14-222 DD offshore mit 222 m Rotordurchmesser, der ab 2024 in Serie gehen würde.
Für den Besuch des höchsten Windrades der Welt muss man gar nicht so weit reisen: Das Unternehmen Max Bögl Wind AG hat 2017 in Gaildorf bei Stuttgart die nach eigenen Angaben höchste Windkraftanlage gebaut. Die Gesamthöhe des Windrades beträgt 246,5 Meter. Der Turm selbst ist 178 Meter hoch.

Freiheitsstatue

Kölner Dom

Ming Yang MySE 16.0-242

Eiffelturm

089 Einen Tesla in die Luft jagen

Blöde Idee? Vielleicht. Aber die kommt gar nicht von uns. Denn es gibt ein Vorbild: (https://www.spiegel.de/auto/tesla-finne-jagt-sein-model-s-in-die-luft-a-a01a972f-b5c9-4e42-b639-8fd2feb1dae4) Der Finne Tuomas Katainen, Eigentümer des Model S, war nach eigenen Angaben zufolge verärgert über hohe Reparaturkosten. Der Batterieschaden nach 1500 zurückgelegten Kilometern hätte ihn 20.000 Euro gekostet. Statt in eine neue nachhaltige Batterie, investierte der findige Skandinavier in sein YouTube-Video, das inzwischen über 5,1 Millionen Mal aufgerufen wurde – dekadent, teuer, nicht gerade umweltfreundlich und auch nicht wirklich gewaltfrei ist es trotzdem.

Neue Strom-Witze erfinden

090

Wie bitte? Sie kennen gar keinen? Hier eine kleine Auswahl:

- Wie nennt man jemanden, der im Straßenverkehr E-Autos erfasst? Stromzähler.
- Was macht ein ostfriesischer Tesla-Fahrer, wenn er Strom benötigt? Er geht ans Meer und holt sich ein Kilo Watt.
- Was passiert, wenn bei Microsoft der Strom ausfällt? Die Firma erklärt die Dunkelheit zum Standard.

So, und jetzt Sie!

091

Das größte Wasserkraftwerk Deutschlands besuchen

Das Pumpspeicherkraftwerk (PSW) Goldisthal im Thüringer Schiefergebirge am Oberlauf der Schwarza zwischen Goldisthal und Scheibe-Alsbach wurde im Jahr 2003 in Betrieb genommen und ist mit einer Leistung von 1060 MW das größte Wasserkraftwerk Deutschlands und eines der größten Europas.

„The Musk Who Fell to Earth“ ansehen

092

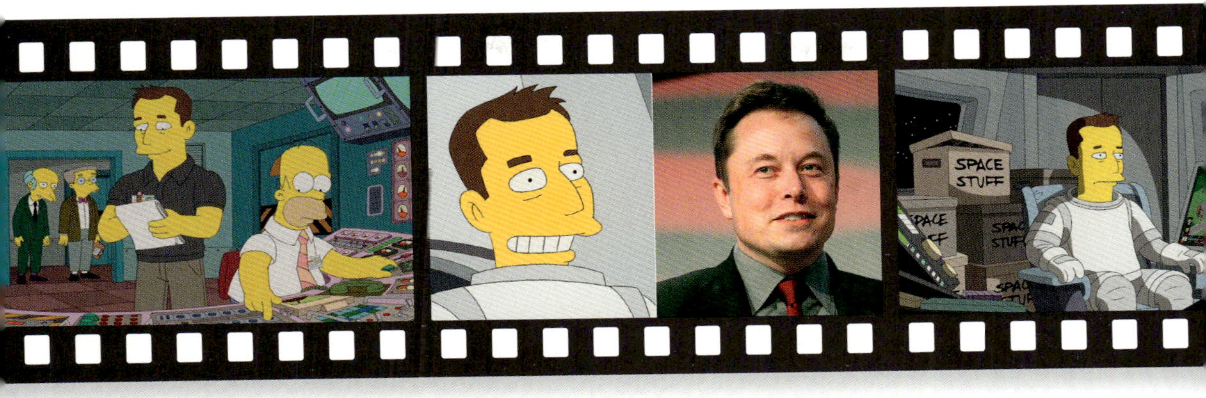

Was ein echter Tesla-Fan ist, muss natürlich Elon Musk bei den kultigen Simpsons gesehen haben. Der Plot in der zwölften Episode der 26 Staffel: Musk landet mit seinem Raumschiff Dragon 2 im Hinterhof der Simpsons. Er besucht Springfield, um sich inspirieren zu lassen. Dazu lädt Homer ihn ein, mit ihm zum Kraftwerk zu gehen. Am nächsten Tag, während der Autofahrt zum Kraftwerk, entdeckt Musk, dass Homer neue Ideen für Erfindungen hat, da ihn seine „Homerismen“ (laut Lisa) schnell inspirieren … und so weiter. So viel sei verraten: Es wird herrlich kriminell …

093 Den Film „Tesla“ streamen

Michael Almereyda hat 2020 Nicola Tesla in seiner Filmbiographie ein Denkmal gesetzt. Tesla wird gespielt von Ethan Hawke. Der Plot wird bestimmt vom Wettstreit Teslas mit seinem Erfinderkollegen Thomas Edison (Kyle MacLachlan). Da knistert's gewaltig ...

Sich einen alten Tesla Roadster sichern

094

Und zwar nicht irgendeinen, sondern ein Exemplar der ersten Serie (2008-2012). Aber billig wird der nicht: Er basierte auf der Lotus Elise, nur knapp 2500 Stück wurden gebaut. Heute sind sie sehr gefragt, so dass im Februar 2022 ein gutes Exemplar weit mehr als 250.000 Dollar gebracht haben soll. Erster Ansprechpartner für solche Wagen ist der Tesla-Roadster-Spezialist Gruber Motor Company in Arizona. Oder? Bei einem Brand bei Gruber 2017 wurden fünf oder sechs Tesla Roadster zerstört, dazu einer von nur drei Tesla-Vorläufern des Typs AC Propulsion Tzero. 2021 brannte es bei Gruber schon wieder – diesmal fielen 30 Roadster den Flammen zum Opfer …

095 Mit dem Model 3 die „Dakar“ mitfahren

Man muss den Tesla dazu nur etwas umrüsten lassen. Das macht zum Beispiel Tuner Delta 4x4. Die Spezialisten der im bayrischen Unterumbach ansässigen Firma haben es geschafft, die Zulassung des Offroad-Kit - ursprünglich für den norwegischen Markt entwickelt - für europäische Länder zu bekommen. Erste Erfahrungswerte hatte man mit dem Umbau des Model X gewonnen, für das weit verbreitete Model 3 galt es nun, die Teile zu adaptieren. Das Set für die Höherlegung beläuft sich auf rund 500 Euro (plus 8 Stunden Einbau), dazu sorgen sehr grobstollige Mud-Terrain-Geländereifen im Format 245/45x18 (Model X: 265/45x20) für Traktion. Für den Satz 18-Zoll-Aluminiumräder in Mattschwarz werden rund 2500 Euro aufgerufen. Dazu käme dann noch ein martialischer Frontschutzbügel. Über Anzahl und Position der Ladestationen entlang der Rennstrecke, die 2020 gut 7900 Kilometer lang war und durch die Saudi-Arabische Wüste führte, kann der Veranstalter Auskunft geben. Ansonsten müssen Begleitfahrzeuge mit Solar-Panels ausgestattet werden ...

Die Rallye Dakar (früher: Rallye Paris-Dakar) gilt als die bedeutendste Marathonrallye der Welt. Sie wurde von 1978 bis 2007 einmal jährlich hauptsächlich auf dem afrikanischen Kontinent ausgetragen. Nach der Absage wegen Terrordrohung 2008, fand der Wüstenklassiker von 2009 bis 2019 aus Sicherheitsgründen in Südamerika statt. Seit 2020 findet die Rallye in Saudi-Arabien statt.

096

Das Tesla Science Center at Wardenclyffe in New York besuchen

Die Macher wollen hier den Standort von Nikola Teslas letztem verbliebenen Labor zu einem transformativen globalen Wissenschaftszentrum entwickeln. Der Bau der Tesla-Anlage in Wardenclyffe begann 1901 und basierte auf einer der revolutionärsten Ideen von Nicola Tesla: einem globalen, drahtlosen System für Kommunikation und Energieübertragung.
Für den Umbau der Immobilie können wir den umweltfreundlichen JCB 220X empfehlen: Der 20-t-Bagger wird von einer Wasserstoff-Brennstoffzelle angetrieben und wurde mehr als 12 Monate lang im JCB-eigenen Steinbruch aufwändigen Härtetests unterzogen. Für kleinere Arbeiten eignen sich natürlich der ebenfalls wasserstoffbetriebene 3CX oder der 2018 vorgestellte batterieelektrisch betriebene Minibagger namens 19C-1E.

„Park Seek“ vertrauen

097

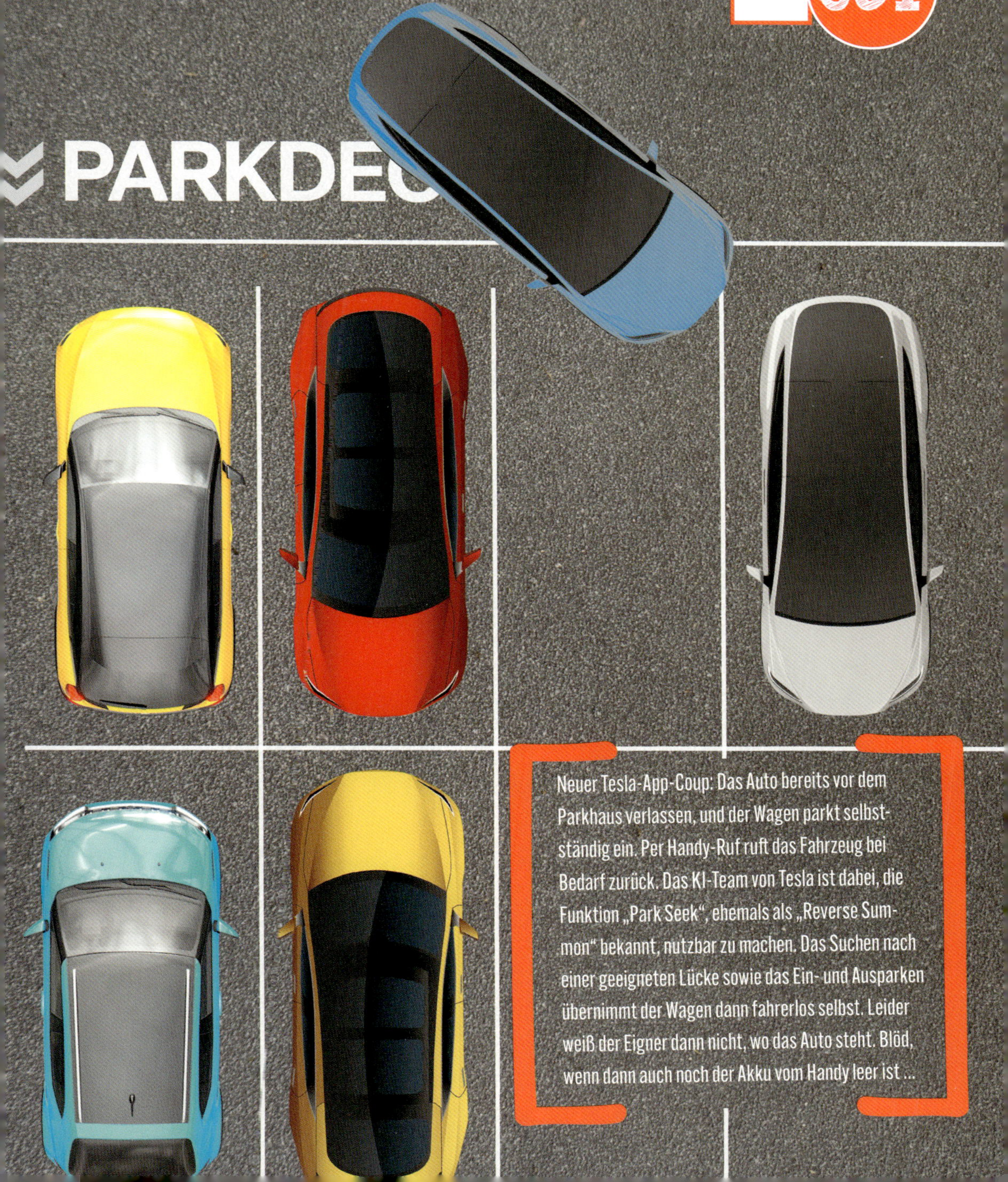

Neuer Tesla-App-Coup: Das Auto bereits vor dem Parkhaus verlassen, und der Wagen parkt selbstständig ein. Per Handy-Ruf ruft das Fahrzeug bei Bedarf zurück. Das KI-Team von Tesla ist dabei, die Funktion „Park Seek“, ehemals als „Reverse Summon“ bekannt, nutzbar zu machen. Das Suchen nach einer geeigneten Lücke sowie das Ein- und Ausparken übernimmt der Wagen dann fahrerlos selbst. Leider weiß der Eigner dann nicht, wo das Auto steht. Blöd, wenn dann auch noch der Akku vom Handy leer ist ...

098 Auf den höchsten Gipfel fahren, der möglich ist

Warum? Weil ein Elektroauto das kann. Im Gegensatz zum Verbrenner, der pro 1000 Höhenmeter wegen dünner werdender Luft etwa zehn Prozent seiner Leistung verliert, ist dem E-Auto das egal. Sie selbst allerdings können durchaus an der Höhenkrankheit leiden. Erst recht bei 6694 Metern – das ist der momentane Rekord, gefahren 2019 von einem Unimog U 5023 auf dem chilenischen Vulkan Ojos del Salado. Für Vollelektroautos liegt der Rekord bei 5816 Metern, gefahren von einem VW I.D.4 GTX im Jahr 2021 am Vulkan Uturuncu in Bolivien.

099

Anderen Tesla-Fahrern die Angst vor einem langen Winter-Stau nehmen

Im E-Auto lange bei Kälte im Stau stehen und nie nach Hause kommen? Ein Märchen, behauptet der Amerikaner Dan Kanninen. Er muss es wissen, er stand 14 Stunden im 77 Kilometer langen Stau auf der tief verschneiten Interstate 95 im Staat Virginia in seinem beheizten Tesla und hatte zur Fahrt noch 80 Kilometer Reichweite. Unzweifelhaft ist allerdings, dass sich die Leistung der Batterien bei Kälte zwischen 10 und 30 Prozent verringert.

100 ☐ Ein Tesla-Tretauto entwickeln

Es gibt ja schon ziemlich alles – aber ein Tretauto im Tesla-Kleid für Kinder noch nicht. Vielleicht finden die Kleinen sowas klasse? Zumal Muskelkraft noch klimafreundlicher ist als E-Antrieb ...

Hier Bild einkleben!
I ♥ MY TESLA

Weitere Empfehlungen für Sie

120 Seiten, 168 x 210 mm, Softcover
ISBN 978-3-96664-299-6

9,99 €

120 Seiten, 168 x 210 mm, Softcover
ISBN 978-3-96664-189-0

€ 9,99

120 Seiten, 168 x 210 mm, Softcover
ISBN 978-3-96664-573-7

€ 12,99

120 Seiten, 168 x 210 mm, Softcover
ISBN 978-3-96664-571-3

€ 12,99

50 Jahre 911 Carrera RS: Aus diesem Anlass beleuchten die Profi-Automobil-Journalisten Constantin Bergander und Fabian Hoberg in ihrem neuen Werk die faszinierende Geschichte der RS-Modelle von Porsche. Beginnend mit dem 550 RS und 1500 RS über den inzwischen legendären ersten 911 RS mit dem bekannten „Entenbürzel" bis hin zum zukünftigen 992 GT3 RS, der als Erlkönig einen Ausblick auf die nächste Generation an High-Performance-911er bietet, präsentiert dieser Prachtband alle Vertreter mit einem RS-Logo am Heck.

256 Seiten 245 x 290 mm, Hardcover
ISBN 978-3-96664-543-0

€ 69,00

Im Jahr 1972 brachte der legendäre Jochen Neerpasch als erster Geschäftsführer die Power-Abteilung von BMW auf die Erfolgsspur. Bis heute schufen die leidenschaftlichen Ingenieure aus der Motorsportabteilung des bayerischen Premiumherstellers zahlreiche legendäre Sportwagen wie den M1, M3 oder den M5. Akribisch recherchiert und mit spektakulärem Bildmaterial zeichnen die Automobiljournalisten Roland Löwisch und Sylvain Reisser die außergewöhnliche Firmengeschichte der Tochtergesellschaft des BMW-Konzerns nach.

224 Seiten, zahlreiche Farbfotos,
245 x 290 mm, Hardcover
ISBN 978-3-96664-367-2

€ 69,00

Unser komplettes Programm erhalten Sie in jeder Buchhandlung und unter www.heel-verlag.de
HEEL Verlag GmbH | Gut Pottscheidt | 53639 Königswinter